智慧楼宇建设与管理研究

郑深远 著

延邊大學出版社

图书在版编目（CIP）数据

智慧楼宇建设与管理研究 / 郑深远著. -- 延吉 : 延边大学出版社, 2023.6
ISBN 978-7-230-05057-9

Ⅰ. ①智… Ⅱ. ①郑… Ⅲ. ①智能化建筑 Ⅳ. ①TU18

中国国家版本馆 CIP 数据核字(2023)第 098787 号

智慧楼宇建设与管理研究

著　　者：郑深远
责任编辑：刘晓敏
封面设计：文合文化
出版发行：延边大学出版社
社　　址：吉林省延吉市公园路 977 号　　邮　　编：133002
网　　址：http://www.ydcbs.com
E-mail：ydcbs@ydcbs.com
电　　话：0433-2732435　　传　　真：0433-2732434
发行电话：0433-2733056
印　　刷：河北创联印刷有限公司
开　　本：787 mm×1092 mm　1/16
印　　张：12　　字　　数：200 千字
版　　次：2023 年 6 月 第 1 版
印　　次：2023 年 6 月 第 1 次印刷
ISBN 978-7-230-05057-9

定　　价：68.00 元

前　言

随着信息技术的不断发展和普及，智慧建筑概念逐渐进入人们的视野。智慧楼宇作为智慧建筑的重要组成部分，已经逐渐成为城市现代化建设的重要内容之一。随着城市化进程的加速和建筑智能化技术的不断发展，智慧楼宇建设与管理已经成为当今社会的重要话题。

本书对智慧楼宇建设与管理进行系统研究，阐述智慧楼宇发展情况、建设技术、管理系统及其应用等相关知识，并指出智慧楼宇建设与管理中存在的问题和挑战，向人们介绍现代楼宇建设的先进理念和技术，希望能为智慧楼宇的发展和实践推广提供理论与实践支持。

本书共分为五章，第一章为智慧楼宇概述，主要介绍智慧楼宇产生的背景和发展情况。第二章阐述智慧楼宇建设与管理的目的和意义，以及智慧楼宇建设与管理中面临的问题和挑战。第三章探讨智慧楼宇建设的技术支持，包括基础设施和技术支持、建设步骤和流程、关键技术和应用案例等。第四章介绍智慧楼宇管理系统的基本概念和原则、流程和方法、关键技术和应用案例。第五章主要介绍智慧楼宇管理系统在商业办公、公共服务、住宅社区等方面的应用案例。

本书在编写的过程中，秉持客观、全面、深入的原则，力求在理论和实践方面都能够为读者提供有用的信息。但也意识到，由于研究领域的广泛性和变化性，本书仍然存在一些不足。因此，希望读者在阅读本书的过程中，能够提出宝贵的意见和建议，以便进一步完善研究内容，提高研究质量。最后，希望本书能够对智慧楼宇建设、管理研究和应用实践产生积极的推动作用，为智慧城市和智慧社区建设做出贡献。

目　录

第一章 智慧楼宇概述

第一节 智慧楼宇的产生

随着科技的发展和城市化进程的加速，人们对于居住环境和办公场所的要求也越来越高，对楼宇的安全性、舒适度和智能化提出了更高的要求。智慧楼宇作为一种新兴的楼宇建设和与管理方式应运而生，并受到越来越多的关注和重视。智慧楼宇是指运用新兴信息技术，将建筑物、设施、设备、管理与服务相结合，实现安全、舒适、便捷、高效、环保的智能化管理。

传统的楼宇建设和管理方式已经不能满足现代人对于居住和办公环境的要求，不仅存在能耗高、管理难度大等问题，而且无法满足人们对于信息化和智能化的需求。因此，智慧楼宇作为一种新兴的建设与管理模式，在受到更广泛关注的同时，越来越多的企业和个人进行了相关的实践探索。

智慧楼宇的出现，不仅是一种技术创新，更是一种思维和管理模式的革新。智慧楼宇建设与管理要融合信息技术、建筑工程和管理学等多个学科领域的知识和技能，可实现从传统楼宇管理向智慧楼宇管理的转变，提高楼宇的管理水平和服务质量，为城市的可持续发展做出更大贡献。

目前，我国的智慧楼宇建设与管理处于起步阶段，需要不断进行探索和创新，完善技术体系与管理机制，提高使用效率与服务水平。因此，对智慧楼宇建设与管理进行深入研究与探索，不仅有助于推动智慧楼宇建设与管理的发展，而且能为其他国家和地区的楼宇建设与管理提供借鉴和参考。

针对上述情况，本研究拟对智慧楼宇建设与管理进行深入探究，探讨智慧楼宇建设的技术支持、管理模式和应用，旨在为智慧楼宇建设与管理实践提供参考和借鉴。

第二节 智慧楼宇发展情况

一、国外智慧楼宇发展情况

最早的智慧楼宇概念出现在20世纪80年代，美国哈特福德市对一座老式金融商厦进行改造，此栋楼宇可以使用计算机对大楼中的灯光、空调和电梯等设备进行检测和控制，楼宇内系统也可以为大厦内的客户提供语音通信等信息服务，因而被称为世界首座智慧楼宇。

当时的所谓的智慧楼宇是将监控设备、通信设备与家用电器连接在一起，虽不能达成真正的智慧化，但已初具智能化的雏形。现在，随着科学技术的发展，大数据、云计算、人工智能等越来越多地被用于智慧楼宇平台建设，因而智慧楼宇管理在一定程度上实现了智慧化。如今，智慧楼宇在世界各地迅速发展，在美国，智慧楼宇建设数量占新建楼宇数量的比例已经超过了70%，在日本，这个比例超过了60%。

二、国内智慧楼宇发展情况

在我国，楼宇智能化起源于20世纪90年代，在智能化概念刚刚引入我国时，其智慧楼宇发展只局限于宾馆、酒店等。随着国内市场对于智能化楼宇的需求，楼宇智能化建设范围逐步扩大到办公楼、小区和企业园区等。据2020年某机构对国内31个大中城市的楼宇智能化调查报告显示，在国内现有的楼宇中，使用了人脸识别技术的写字楼占18%，大多数楼宇仍然采用刷卡进入模式；对于实现了访客预约的楼宇，其使用二维码访问的占22%；已应用楼宇服务App或小程序的楼宇占34%，但大多可提供的服务较少且相对简单；启用了智慧管控平台的写字楼占27%。由上述数字可知，楼宇智慧化在我国虽然有了一定程度的普及和发展，但与发达国家相比还有一定差距，无论是智能化的硬件设置，还是软件化的智慧管理，我国楼宇的智慧化都还有很大的发展空间。

目前，国家政策大力倡导智慧城市、智慧园区建设，楼宇智慧化在我国发展势头迅猛，各地都在积极响应国家的政策，着力建设智慧园区。现在市场上的商用园区楼宇系统的功能设计，大都与企业所在行业相关，楼宇可分为政企类、化工类、校园寝室、社区、农业类和物流类等，在不同行业中，企业的管理需求是不同的，因而管理系统的功能设计也大都不同。在智慧管理的实现上，企业所采用的智慧化落地方式大致分为两类，一类是在自有楼宇基础上引入新型智能化设备，增加或提升智慧化，此类设备内设简单的CV算法，可完成基础智能识别效果；另一类是利用软硬件相结合的方式，针对楼宇内的基础设备和楼宇业务需求，着力开发智慧管理平台，通过在管理平台上大量应用新兴技术，实现楼宇的智慧化效果。

在具体的技术使用上，大致可分为几种方向：充分利用人工智能技术，在搭建的强算力平台上训练多种算法，打造智慧AI引擎；通过软件平台，进行算法任务的应用。如此，以平台制作工具来设计、训练和调用特制算法，实现算法与不同行业的业务相结合的精准应用，用AI算法打造出真正的智慧楼宇。

在人工智能商业应用落地的大多是CV领域的算法，例如，使用人脸算法对人员进行身份检测、使用物体检测算法进行目标对象识别和目标属性识别、使用结构算法进行视频场景识别、使用聚类算法对车辆和人员轨迹进行分析等；充分利用虚拟现实技术，打造数据孪生场景，在用户管理平台上展现360°和三维立体空间的系统数据，在系统中还原楼宇物理实景，用户可以监控智能设备的运行状态；有些楼宇环境中采用了无感知发现与集成技术，系统可自动发现楼宇内的智能设备，且与其他楼宇的子系统进行融合，实现设备的整体化管理；有些楼宇采用机器学习算法，对楼宇整体能耗做智能化分析，深度挖掘过度消耗的原因，实现绿色节能管控。

智慧楼宇的管理融合了大数据、云计算、物联网和人工智能等新兴技术，经过长期的实践，已经形成一系列智慧化的楼宇管理解决方案。智慧楼宇管理作为智慧园区的基础，作为智慧城市的必要组成部分，正推动着我国的智慧化建设大步前进。

第二章 智慧楼宇建设与管理概述

第一节 智慧楼宇建设与管理的意义和目的

智慧楼宇建设的意义和价值非常大。首先，智慧楼宇建设可以提高楼宇的使用效率和管理水平，降低运营成本，提高楼宇的经济效益和社会效益。其次，智慧楼宇建设可以提供更加舒适、健康、安全的室内环境，提高人们居住和工作的品质和体验，满足人们不断提高的生活需求和精神需求。再次，智慧楼宇建设可以促进能源节约和环境保护，降低楼宇的能耗和排放，减少对自然资源的消耗和污染，有利于可持续发展和生态文明建设。智慧楼宇建设的意义和价值表现在以下几个方面：

一、提高安全性和保障性

在智慧楼宇建设与管理中，可以通过设置视频监控、智能门禁和烟雾报警等设备，实现楼宇全方位的安全监控和预警机制，保障人员和财产的安全。

（一）智慧楼宇的安全监控

智慧楼宇的安全监控是通过视频监控、智能门禁和烟雾报警等设备实现的。其中，视频监控是智慧楼宇安全监控的重要手段之一。通过在楼宇内部和外部设置高清视频监控设备，可以实时监测楼宇内外的活动情况，及时发现和处理安全隐患。

智能门禁是智慧楼宇安全监控的另一个重要组成部分。通过智能门禁系统，可以实现对楼宇内部人员的身份识别和控制，避免非法入侵和安全事故的发生。同时，智能门禁系统还可以记录和管理人员的出入记录，便于后期的管理和查询。

烟雾报警也是智慧楼宇安全监控的重要组成部分。通过在楼宇内部和外部设置烟雾报警器，可以实现对楼宇内外烟雾的实时监测和报警，及时发现和处理火灾等安全隐患。

（二）智慧楼宇的安全预警

除了安全监控，在智慧楼宇建设与管理中，还可以通过安全预警系统，对安全隐患进行预测和预警。智慧楼宇的安全预警系统可以通过对楼宇内部和外部数据进行收集与分析，实现对楼宇安全隐患的预测和预警。

例如，在智慧楼宇建设与管理中，可以通过传感器、监测设备等，实现对楼宇内部的空气质量、温度和湿度等参数进行监测和分析，提前发现楼宇内部可能存在的安全隐患；又如，在智慧楼宇外部，可以通过网络和传感器等，实现对天气和环境等信息进行监测和分析，对可能影响楼宇安全的自然灾害进行预警。

（三）智慧楼宇的应急管理

在智慧楼宇建设与管理中，应急管理是非常重要的一环，可以通过应急预案、应急演练等方式，提前规划应急措施和应对方法，以应对突发事件和灾难。

智慧楼宇的应急管理可以借助智能化技术，实现更加高效、快速的响应。例如，在智慧楼宇中，可以通过智能化的短信、电话和邮件等，实现快速通知和调度，提高应急响应的速度和效率；又如，在应急事件发生后，可以通过智能化的指挥中心、智能化的救援设备等，实现快速响应和有效应对。

同时，智慧楼宇的应急管理也需要与其他系统进行协调和整合，例如，在安全预警系统发现异常情况时，可以自动触发应急预案并通知相关人员。这种系统的协同与整合，可以提高应急管理的效率和准确性。

智慧楼宇的安全监控、安全预警和应急管理，都是智慧楼宇建设与管理中非常重要的一部分。通过智能化技术的应用，在智慧楼宇中，可以实现更加全面、高效、准确的安全监控和应急管理，保障楼宇和人员的安全。

二、优化管理效率和精度

在智慧楼宇建设与管理中，可以通过自动化、智能化的手段，提高楼宇设备的自动化程度和自适应性，优化楼宇设备的调节和管理，提高楼宇管理效率和管理精度，实现楼宇管理和控制的全面信息化和数字化管理。

（一）自动化管理

智慧楼宇建设与管理中的自动化管理是指通过自动化设备和控制系统，实现楼宇设备的自动化控制和管理，减少人为干预和操作，提高设备控制的精度和效率。

例如，在智慧楼宇建设与管理中，可以通过智能照明系统，实现对楼宇内部照明设备的智能化控制，根据光线强度、时间和、人流等信息，自动调节照明设备的亮度和开关，实现对楼宇内部能源的高效利用。

又如，在智慧楼宇建设与管理中，可以通过智能空调系统，实现对楼宇内部空调设备的自动化控制和管理，根据室内温度、湿度和人流等信息，自动调节空调设备的运行状态和风速，提高设备的能效比和使用寿命。

（二）智能化管理

智慧楼宇建设与管理的智能化管理是指通过人工智能、大数据和云计算等技术手段，实现对楼宇设备的智能化控制和管理，提高设备管理的精度和效率。

例如，在智慧楼宇建设与管理中，可以通过智能电梯系统，实现对楼宇内部电梯设备的智能化管理，通过大数据分析和机器学习算法，实时监测电梯设备的运行状态和维修情况，提前预测设备故障，减少设备停机时间和维修成本。

又如，在智慧楼宇建设与管理中，可以通过智能门禁系统，实现对楼宇内部门禁设备的智能化管理，通过人脸识别和声音识别等技术，提高门禁设备的安全性和准确性，减少门禁管理的人工干预和误判率。

（三）数字化管理

智慧楼宇建设与管理的数字化管理是指通过数字化技术手段，将楼宇设备的运行状态、维护记录和设备清单等信息，进行数字化记录和管理，实现对设备管理的精细化和精确化。

例如，在智慧楼宇建设与管理中，可以通过设备管理系统，将楼宇内部所有设备的信息进行数字化记录和管理，包括设备的安装位置、规格型号、使用寿命和维修记录等。同时，设备管理系统还可以通过智能化分析，对设备的运行状态进行实时监测和预测，提前发现可能存在的设备故障，提高设备的运行稳定性和可靠性。

数字化管理还可以应用于能源管理中，通过能源管理系统对楼宇内部的能耗进行数字化记录和管理，实时监测能源的使用情况和变化趋势，并根据实时数据制定相应的节能方案和优化能源利用策略，最终达到降低能耗、提高能源利用效率的目的。

此外，数字化管理还可以应用于楼宇的运营管理中，通过数字化的客户信息管理系统，对楼宇内部的用户信息进行记录和管理，实现用户在线报修、缴费等业务，提高管理效率和服务质量。

总之，数字化管理通过数字化技术手段，对楼宇设备、能源和客户信息进行精细化管理，提高管理效率和精度，为智慧楼宇的可持续发展提供了有力的支撑。

三、提高用户体验的满意度

在智慧楼宇建设与管理中，可以通过智能化的手段，为用户提供更加舒适、便捷和个性化的服务，提高用户体验的满意度，增强用户的忠诚度和品牌的美誉度。

（一）舒适化服务

在智慧楼宇建设与管理中，可以通过智能化的手段，为用户提供更加舒适的服务。例如，可以通过智能化的温度、湿度和光照控制，自动调节楼内的环境，为用户提供更加舒适的工作和生活环境；又如，在公共区域设置智能化的音乐和景观等元素，增强用户的舒适感受。通过这些智能化服务，可以让用户感受到更加舒适的环境，提高用户的满意度和忠诚度。

（二）便捷化服务

在智慧楼宇建设与管理中，可以通过智能化的手段，为用户提供更加便捷的服务。例如，可以通过智能门禁系统、人脸识别等技术，实现用户快速进出大楼，减少用户的等待时间和不便；又如，在大楼内部设置智能化的导航和指示系统，可以方便用户找到目标位置。通过这些智能化服务，可以提高用户的满意度，增强用户的忠诚度。

（三）个性化服务

在智慧楼宇建设与管理中，可以通过智能化的手段，为用户提供个性化的服务。例如，可以通过人脸识别等技术，识别用户的身份和需求，为用户提供个性化的服务；又如，在办公楼内，可以为用户提供个性化的工位和办公设备等服务，根据用户的需求进行个性化配置。通过这些个性化服务，可以满足用户的个性化需求，增强用户的满意度和忠诚度。

（四）数据化服务

在智慧楼宇建设与管理中，可以通过智能化手段，为用户提供数据化的服务。例如，可以通过数据分析和技术挖掘，了解用户的需求和偏好，为用户提供更加精准的服务；又如，在办公楼内，可以提供数据化的工作环境和服务，通过数据分析，为用户提供更加高效和精准的工作流程。通过这些数据化服务，可以为用户提供更加优质、高效和精准的服务，提高用户的满意度和忠诚度。

（五）可持续发展

智慧楼宇建设与管理应该注重可持续发展。在智慧楼宇建设与管理中，可以通过能源管理和环境监测，实现楼宇能耗的监测和优化，减少能源浪费和环境污染；还可以通过绿色建筑设计和建筑材料的选择，减少楼宇的能耗和环境负担。

此外，在智慧楼宇建设与管理中，还可以通过共享经济、循环经济等方式，实现资源的共享和再利用，降低资源的浪费和消耗。通过这些可持续发展的措施，可以提高智慧楼宇建设与管理的环保意识和社会责任感。

随着科技的不断进步与发展，智慧楼宇建设与管理的应用范围和技术水平还将不断提高。未来，智慧楼宇建设与管理将更加注重人工智能、大数据、物联网等新兴技术的应用，实现智慧化、智能化和数字化的全面升级。同时，智慧楼宇建设与管理还将更加注重用户体验和可持续发展等，为建设智慧、绿色、可持续发展的社会做出更大贡献。

四、促进能源节约和环境保护

在智慧楼宇建设与管理中，可以通过智能化手段，对楼宇设备的能耗进行全面监控和控制，实现能源节约和环境保护，降低能源消耗和二氧化碳排放，减少对环境的污染。

（一）暖通空调系统

在智慧楼宇中营造冬暖夏凉环境的关键系统是暖通空调系统，该系统运行时所产生的能耗是建筑能耗的主要部分，因此对该系统进行节能降耗处理，具有非常大的潜力。该系统节能降耗的前提是对系统的设计方案及后期运行管理策略进行优化，而决定降耗成功与否的关键则是系统在自动化控制上的整体调节性能。

暖通空调系统的负荷包括热负荷与冷负荷两类，对于负荷的统计计算，其可靠性和准确性直接影响整个系统的设计方案，并决定运行过程中节能降耗的技术水平。空调负荷量关系到系统的设计方案、空调设备的选择，以及控制方案和策略的制定。只有收集准确、可靠的空调负荷量，才能使节能降耗工作得到数据的支持，从而设计出合理的方案并实施。

暖通空调系统的主要节能措施有以下方面：

1. 冰蓄冷技术

冰蓄冷技术是通过在低谷用电时段，将电能转化为冰冷量进行储存，在用电高峰时段，将冰冷量进行释放，以达到降低高峰用电负荷的目的。冰蓄冷技术提高了对低谷时段电能的利用，减少了高峰时段电能的消耗，在优化能源负荷的，降低了用电费用，因此具有很好的发展前景。

2. 变风量技术

变风量技术主要是根据建筑物内各房间对风量及温湿度的不同参数需求，经自动控制策略，将风送入各个房间，从而满足室内人员的要求，并根据室外的环境，自动调整空调系统的控制策略，以达到整个系统自动按需调节，从而实现节能的目的。其节能效果非常明显，也具有很好的发展前景。

3. 变频调速技术

变频调速技术是通过调整风机的电频，减少能源浪费的一种方式。其机制是利用自动控制策略，当系统达到设定的温度值时，系统就转入低频运转，从而提高能效比，达到节能的目的。此外，暖通空调系统的节能降耗还有变流量、热回收技术等。

（二）供电、配电系统

智慧楼宇的供电、配电电网线损一般都超过 5%，有的在 10%以上，这样的线损不仅会造成系统运行时的电能大量损失，还降低了楼宇供电的综合电能质量，对楼宇环境造成污染。因此，开发新技术，以减少供电、配电系统的线损，将有助于楼宇建筑的节能。

1. 变压器的合理选用

变压器型号和容量的合理选用，是楼宇供电、配电系统能经济、节能运行的前提，也是供电综合电能质量的有力保证。变压器在运行过程中，其负荷率在不同区段的效率有所不同。变压器的容量过小，楼宇的配电将长时间处于超负荷运行状态，导致供电、配电系统增加过载消耗；变压器的容量过大，其负载率将大程度下降，使其偏离合理的运行区段，会大大增加空载损耗。因此，在进行变压器型号选择时，要对楼宇的综合用电情况进行准确统计与详细分析，以确保变压器始终运行在合理的区段。

2. 无功补偿装置的配置

变压器的负载固定时，供电、配电系统的电能利用率与功率因素相关。在实际的系统运行中，受到负荷波动、谐波等因素干扰，功率因素经常满足不供电、配电系统在最优区段运行的需求，所以便需要配置一定的无功补偿装置，以提高系统的电压水平和功率因素。无功补偿装置的配置，既降低了系统的线损，又提高了综合电能质量，在楼宇节能方面有着重要的作用。

（三）照明系统

照明系统是楼宇建设的重要部分，也是电能消耗的重要组成部分。科学、合理的照明系统可以促进楼宇的节能减排，而糟糕的照明系统往往给楼宇带来的是能量的大量浪费。目前，在楼宇照明系统方面存在很多问题，如电压波动大、运行功率低、用户使用效率较低的光源、楼道的灯长明不灭等，这些都在一定程度上造成了能源的浪费。找出这些问题，便可提出照明系统节能的改进和完善方向，即合理选用节能镇流器、选用节能灯具、制定照明系统的合理控制方案等。在整体设施到位的情况下，个人使用节能灯、做到人走灯灭等，可促进节能目标的实现。

智慧楼宇节能降耗是一个巨大的工程，需要在各方面不断改进与完善。随着科技的进步，人们拥有越来越先进的技术手段，只要合理地加以使用，必然能为节能降耗工作提供助力。

五、支持城市智慧化发展

在智慧楼宇建设与管理中，可以通过信息化、网络化和智能化手段，将其与城市管理系统、公共设施等紧密连接，实现智慧城市的整体规划与管理，支持城市智慧化发展。

六、提高经济效益

建筑行业的经济发展是我国经济发展产业中的重要支柱。在信息时代大环境下，我国在发展建筑工程事业的过程中，也把科技投入作为建筑工程开发的重要部分。特别是近些年来，建筑行业不断加大科学技术应用力度，使得我国的建筑业向科学化、先进化和专业化方向迈进。

随着经济水平的提高，人们对居住的房屋和办公大楼的功能需求越来越多，对建筑工程发展提出了新的技术要求，实现更舒适、更环保、更节能、更便捷的楼宇建设与管理是时代发展的必然要求。因此，智慧楼宇技术迅速发展起来，并在较短的时间内成为各大工程项目追捧的对象，建设代表建筑高科技含量的智慧楼宇，成为人们创造财富、节约资源的建筑要求之一。

当前，智慧楼宇建设在我国建筑行业中形成了蓬勃的发展趋势。智慧楼宇技术在建筑工程发展中具有经济高效、建筑环保等优势，但也要充分考虑到工程成本造价问题。在复杂的金融市场环境下，各大建筑施工企业的市场竞争日渐激烈，企业应在积极引进和利用新技术的同时，适当控制工程成本，促使其开发、建设的楼宇项目具有更强的市场竞争力，以实现企业的利润要求和社会的经济价值。

（一）智慧楼宇技术引进的必要性

科技是经济发展的核心动力，建筑工程企业引进智慧楼宇技术，是顺应时代发展要求的必然发展形势。建筑经济发展的直接受益者是广大居民，智慧楼宇建设与管理与人们的生活和工作密切相关，也使得智慧楼宇技术成为建筑企业的核心技术支撑。基于当前的时代发展形势，拥有巨大发展潜力的智慧楼宇技术给建筑施工、成本造价等方面带来了积极的影响，更为建筑物的后期营运和使用等带来科技优势，智慧楼宇建设与管理技术必将拥有较好的发展前景。

1. 智慧楼宇技术在我国建筑工程中的发展应用现状

随着科技信息技术的发展和全面应用，在楼宇建设中，逐渐将传统建筑技术与现代高科技技术相结合，经过不断实践与探索发展，形成了现在的智慧楼宇技术。智慧楼宇技术是指为建筑工程项目提供大量的、精准的计算机数据，借此对建筑工程发展进行自动监管，为建筑用户提供详细的信息服务的技术，是新时代科技信息化要求下的建筑企业发展的结晶。我国十分重视建筑行业新兴科学技术的引进和推广工作，从目前的智慧楼宇技术引进情况来看，智慧楼宇技术的引进和普及程度已呈现较大范围的覆盖。

2. 引进智慧楼宇技术使得建筑工程开发出更多的功能

在传统建筑项目开发的过程中，建筑企业一般只是从生活居住、工作办公等方面来考虑建筑的功能，对先进的、便利的新科技建筑功能考虑甚微。随着经济水平的提高，人们对生活、工作的建筑环境提出了更多要求。智慧楼宇技术的引进，很大程度上满足了群众对建筑的诸多需求，更促进了建筑经济效益的发展。

首先，智慧楼宇较传统的建筑来说，增加了自动信息处理功能。在建筑过程中，融入了科学的技术指导和数据分析，为楼宇的后期使用提供了精准的自动信息服务功能。

其次，智慧楼宇技术的引进，使得企业增强了对建筑工程照明、电力、水力、取暖、安全和空间移动上的自动跟踪和监控能力。

最后，智慧楼宇技术的引进，实现了对建筑物全方面、立体化的监控和防范工作，实时监测中的自动管理为多变、复杂的建筑应用环境提供了更为安全的发展空间。

3. 智慧楼宇技术引进对建筑项目发展的优越性

较传统建筑项目来说，引进智慧楼宇技术，不仅使得企业满足了自身的发展需求，而且为建筑工程项目创造了更多的优越性。具体表现如下：

第一，与一般建筑相比，引进智慧楼宇技术的建筑项目拥有更高的信息接收能力，为企业面对建筑市场日益激烈的竞争提供了更好的应变能力；不仅提高了建筑项目的工作效率，而且在促进建筑安全、舒适、高效、节能等方面做出了巨大贡献。

第二，与一般建筑相比，引进智慧楼宇技术的建筑项目拥有更强大的节能效果。当企业在建筑工程施工阶段应用了智慧楼宇技术，在选材、施工方法等方面选用了具有高科技、节能的施工材料，在建筑后期营运使用上进行了空调、取光、采暖等科学控制后，在建筑的后期使用上就可以满足群众的诸多需求，达到显著节能的效果。

第三，与一般建筑相比，引进智慧楼宇技术的建筑项目可以在后期使用上节省一笔可观的建筑维修费用。建筑具有节能、高科技的建筑施工结构，在后期利用上会大大减少工程质量问题的出现，建筑系统的高效运作，可从根本上降低其维护成本。智慧楼宇的自动信息管理与安全监控管理系统使得建筑系统管理模式清晰且更易操作，这就使得建筑管理工作更简单易行，在后期的整改和维修过程中，可实现人员调动更快捷、发展更合理，降低建筑管理成本，促进企业经济效益和管理效益的提高。

第四，与一般建筑相比，引进智慧楼宇技术的建筑项目可以在很大程度上满足各类用户的不同需求，满足用户在不同环境下的功能要求。

智慧楼宇建设与管理应因地制宜，根据城市的经济发展能力和经济发展水平等灵活地进行市场调节。

（二）智慧楼宇技术引进对建筑工程造价的影响

当下，在建筑领域，科学技术应用越来越多，企业的科技核心竞争力成为各大企业在国际市场上较量的关键。先进工艺、先进技术的推广和引进是各大企业实现稳定发展、创造更好经济价值的必然手段，但在世界建筑市场环境日益复杂、竞争日益激烈的形势下，各大企业在不断引进新技术创收更高建筑经济效益的同时，还要考虑企业发展过程中智慧楼宇技术的应用对建筑工程造价产生的影响。

1. 工程造价在工程施工和发展中的指导地位

随着建筑业的发展，建筑工程技术部门越来越重视建筑技术的应用与建筑工程造价管理，广大建筑从业者已将工程造价认定是决定工程项目成败的关键要素。不可否认的是，工程造价掌控整项工程的投资成本，为各大型建筑施工提供科学、缜密的发展方向。严格把控建筑工程成本造价，控制资金的使用，应做到用最低的造价成本，实现建筑项目取得最优的经济效益。

工程造价是指在建筑前期，对工程项目的预期建设消耗开支或是实际消耗收支总和的投资费用，或者将其看作对工程项目一次性投资的全部成本资产。工程造价管理又称工程价格管理，是预期衡量项目工程在实际施工和发展中在建筑市场、建筑装备市场、人员技术市场和承包施工市场等环节上积累下来的建筑工程安装的总价格。工程造价管理工作贯穿建筑项目的全过程，严格把控建设施工过程中的每一项成本消耗，对于造价成本管理工作具有深远的影响。

工程造价管理的根本目的是要掌握市场建筑材料的购买价格，从而控制工程成本造价在预期制定的范围内，但制定、实施的造价控制原则都必须符合实际的市场需求，与实际工程建筑背景相适应的。因此，工程造价的顺利实施，是建筑项目发展的关键。

2. 智慧楼宇技术的引进对工程造价的影响

目前，建筑市场对建筑工程项目提出了新的技术要求，为了满足广大居民对建筑的舒适性和便捷性需求，在建筑工程项目中引进智慧楼宇技术，对工程造价也产生了相应的影响。

首先，智慧楼宇技术为工程项目带来的各项优越性能，可为全项工程发展及后期营运节省工程造价成本。但智慧楼宇技术的引进，势必会打乱原有工程造价成本的设定和分配环节，因为要采用全新的建筑技术，势必会在建设前期成本投资上产生建筑用料、建筑设备和建筑技术人才等方面的投资成本。但就建筑发展全过程的资金投入来看，由于智慧楼宇技术的引进为工程的后期建设与管理提供了更安全、更科学的发展空间，也可以为建筑项目带来更大的经济效益。

其次，智慧楼宇技术的引进，在很大程度上规范了工程造价成本体系，在成本控制管理上提供了更多来自市场并符合实际的自动化信息，让工程成本造价更具有科学性。智慧楼宇技术与工程造价同样贯穿建筑工程的全过程，与传统的人工核算成本造价不同，智慧楼宇技术的引进，实现了高度的信息自动化、监控管理自动化，实时根据市场的需求提高企业的技术发展能力，具有非常灵活的适应能力与调整升级能力。智慧楼宇技术的引进和发展，带动了成本造价的审核控制能力发展，弥补了人工监控的不足。建筑项目成本造价管理不应局限在工程项目建设发展阶段，要考虑企业的长久发展，企业应加强对工程造价的管控能力，结合智慧楼宇技术的引进和应用，为建筑企业构建发展基础。

最后，考虑到建筑项目发展是一项工期长、耗时久、资金消耗和需求量巨大的项目，又涉及群众的生活与工作，虽然智慧楼宇技术的引进不能产生立竿见影的经济价值，但对工程成本造价却能起到惊人的节约功能。

从长远的经济发展角度来看，智慧楼宇技术的引进满足了人类对更高层次的精神享受的需求，符合科技发展的要求，在为节约工程造价成本的同时，更促进了成本造价管理体系的完善。

第二节 智慧楼宇建设与管理面临的问题和挑战

一、智慧楼宇的机遇

智慧楼宇是指将各种物联网设备和技术应用于楼宇中，通过采集、分析和应用数据，实现楼宇管理和运营的智能化。随着物联网技术的快速发展和应用，智慧楼宇已成为未来楼宇管理和运营的重要趋势。

（一）有生命活力的建筑载体

楼宇是现代城市最重要的组成部分，是城市居民工作、生活、教育和休闲的主要场所。作为科技与建筑的完美融合体，智慧楼宇的产生与发展有着深刻、必然的经济、社会和技术背景，是人类经济、文明发展到一定阶段的必然产物。

在信息时代，地产界的竞争与变革不再局限于建筑实体的比拼，曾经被看重的高度、硬件与奢华度不再是楼宇竞争中的主要元素，取而代之的是信息化、智能化及环保节能指数。换言之，城市的现代化发展对楼宇建设提出了更高的要求，智能建筑、智慧楼宇从刚一出现时的热议与争论，到成为城市建设发展的日常，全社会都已习惯并要求“建筑必有智能”。2000 年 7 月，我国建设部（2008 年改为住房和城乡建设部）正式颁布智能建筑国家标准《智能建筑设计标准》，对智能建筑做出了明确的定义，即“智能建筑是以建筑为平台，兼备建筑设备、办公自动化及通信网络系统，集结构、系统、服务、管理及它们之间的最优化组合，向人们提供一个安全、高效、舒适、便利的建筑环境。”

在快速发展的过程中，智慧楼宇建设与管理所面临的问题不断出现：各种设备分散管理，子系统众多，难以对相关设备进行集中、关联控制与管理，信息透明化程度欠佳；运营维护依赖传统的人工，出现问题被动响应，费时耗力，管理成本较高；管理粗放，设备闲置率较高，节能环保的建设与运行机制难以发挥作用；人性化体验设计难以落地，智慧能力相对虚化。随着云计算、大数据和人工智能等新技术的快速发展与应用，上述问题逐一得到解决，并实现了建筑物理系统与人、网络、应用和服务系统的融合，使智慧楼宇逐步具备感知、记忆、判断和决策等综合智慧能力，真正成为具有感知能力的“生命体”、拥有大脑的自进化“智慧平台”、人机物深度融合的开放生态系统，从而有效地实现空间管理、能源管理和设备管理等功能。

（二）智慧办公的进阶之路

智慧城市通过互联网与各行各业的结合，来缓解“大城市病”，提高居民的生活质量，并大幅度增加就业。在此过程中，智慧楼宇让智慧办公实现了更多的可能性。

现在，办公楼的能耗不断增加，人们对办公环境的要求逐渐提高，每个人都渴望拥有智能、绿色、健康、舒适和节能的办公环境。据一项调查结果显示，配备更好的灯光控制系统的办公室可以使工作环境舒适度提高15%～20%，在能够自由调节照明强度的办公室内工作，员工的工作积极性更高，并可始终保持很高的工作效率，此类细节恰是智慧楼宇的特色与强项。

智慧楼宇所构筑的现代办公场景是：利用各种新技术，实现软硬件设备的智能化管理，创建新型办公环境，以更强的集约化、平台化、接口化和社交化方式，将跨领域的平台（如电子商务、移动互联网支付等）打通，将智慧办公与城市生活进行更深层次的连接。最终，企业不再为烦琐的行政事务而烦恼，可以专注于自己的核心产能部分，提升企业经济效益和社会价值；智能化办公、开放式办公和创意办公不断涌现，科技创新为办公交流带来了无限可能，员工可以快乐、高效工作。

（三）让服务更智慧、更有价值

楼宇经济不只是城市美好生活的具体体现，也是未来新经济、新动能的重要载体。我国住房政策专家顾云昌认为，楼宇资产的提质增效是楼宇经济发展的重要任务，智慧楼宇建设是其有效措施，楼宇经济高质量发展归根到底就是提质增效，进行智慧楼宇开发与建设。

从城市到楼宇，智慧无处不在；智慧城市建设从概念走向落地，创新无处不在。在智慧楼宇时代，各式信息技术成果注定在楼宇管理与服务中扮演越来越重要的角色。智慧楼宇融入智慧城市当中，实现了智能建筑丰富功能、节能环保及安全管理等各方面水平的提高。

移动化、科技运营、创新和社区 O2O 是未来物业发展的趋势。面对发展迅速的智慧楼宇领域，为其配套的物业管理不容忽视，采用智能化系统高效管理，通过数据计算和分析来准确管理智慧楼宇将成常态。中国物业管理协会理事会前会长沈建忠表示：“新时代的写字楼物业管理工作，首先，要在行业里起到引领作用，特别是在智能化方面，要为行业培养和孵化专业人才。其次，要在绿色管理和智慧管理方面，体现后发优势，打造世界一流的服务产品，为客户提供更人性化的服务。第三，写字楼物业管理是一个综合性强的集成服务，物业服务企业要做集成服务的供应商，让物业服务更简单，更有价值。”

二、智慧楼宇建设与管理面临的挑战

（一）技术方面的挑战

智慧楼宇建设需要采用先进的技术，包括物联网、人工智能和大数据等技术，以实现对楼宇各个方面的智能化管理，但这些技术的应用，也面临着一些挑战。

1. 技术成本高

智慧楼宇建设需要采用先进的技术和设备，这些设备和技术的成本较高，对楼宇建设和运营的经济性和可行性提出了更高的要求。

2. 技术标准缺失

智慧楼宇建设与管理涉及多种技术和设备，但各种技术和设备的标准尚未完全统一，缺乏统一的技术标准和规范，这会给设备带来操作性和兼容性等方面的困难。

3. 技术更新迭代快

智慧楼宇建设与管理需要采用先进的技术，但是技术更新迭代速度快，在智慧楼宇建设和运营过程中需要不断跟进技术的更新和发展，这对楼宇的建设与管理提出了更高的要求。

（二）管理方面的挑战

智慧楼宇建设与管理不仅需要采用先进的技术和设备，还需要建立一套高效的管理机制，以实现楼宇的智能化管理，但在管理上还面临着一些挑战。

1. 管理模式落后

传统的楼宇管理模式比较落后，缺乏科学的、智能化的管理模式，难以适应智慧楼宇建设与管理的需求。

2. 管理能力不足

智慧楼宇建设与管理需要专业的管理人才，但实际情况是缺乏足够的管理人才，并缺乏相关的培训机制和体系，难以满足楼宇管理的需求。

3. 安全问题

智慧楼宇建设与管理需要严格的安全措施和管理机制，以防止安全事故的发生，但目前仍存在一些安全问题，如在网络安全和设备安全等方面存在隐患，需要不断加强安全措施和管理，以保障用户的安全和隐私。

4. 数据保护问题

智慧楼宇管理需要对大量数据进行收集、传输和处理，也需要保护用户的隐私和个人信息安全。但随着数据泄露和滥用问题的不断发生，如何保护数据安全和用户的隐私，已成为智慧楼宇管理面临的一大挑战。

5. 成本问题

智慧楼宇建设与管理需要投入大量的资金和资源，如智能化设备应用、系统平台建设和人员培训等，这对于规模较小或财力有限的物业公司和业主委员会来说，会面临较大的经济压力和困难。

6. 业主参与度低

智慧楼宇管理需要业主的积极参与和配合，但实际上，很多业主对于智慧楼宇的建设与管理还存在陌生感和抵触情绪，导致业主的参与度较低，对智慧楼宇进行管理的难度加大。

7. 技术更新换代

随着科技的不断发展和更新换代，智慧楼宇管理需要不断升级、改进技术设备和系统，以满足不断变化的需求和挑战，这也给智慧楼宇管理带来了一定的技术更新成本和管理压力。

三、智慧楼宇建设与管理存在的问题

智慧楼宇建设与管理的快速发展，虽然为用户提供了更加便捷、舒适、安全、节能的生活方式，但也暴露出一些问题。

（一）技术问题

不同厂家生产的设备间可能存在兼容性问题，导致一些设备无法顺利接入智慧楼宇系统，或者在接入后无法正常运行，影响系统的整体运作效率。在智慧楼宇建设与管理方面，存在的技术问题主要包括以下几个方面：

1. 技术标准缺失

智慧楼宇建设涉及多种技术和设备，但由于行业标准尚未形成，导致技术选择和设备配置缺乏依据，存在着技术不成熟、设备不兼容等问题，给智慧楼宇建设与管理的推进带来了阻碍。

针对这一问题，需要通过行业联盟等组织来建立技术标准，明确技术规范和设备要求，提高技术标准的统一性和可操作性，促进技术的快速发展和推广应用。

2. 安全问题

智慧楼宇系统采用了大量的传感器和网络技术，数据的安全性和隐私保护问题成为人们关注的焦点。目前，智慧楼宇系统在数据传输、存储和处理等方面存在着安全隐患，如数据泄露、网络攻击等。

针对这一问题，需要建立完善的安全管理机制，应用先进的技术手段，包括数据加密、身份认证和权限控制等，以保障智慧楼宇系统的数据安全，保护用户的隐私。

3. 数据管理和分析问题

智慧楼宇系统采集的数据量庞大，需要建立科学、有效的数据管理和分析机制，实现数据的快速处理和分析，提高数据的利用价值。

针对这一问题，需要建立智慧楼宇数据管理和分析平台，采用人工智能和大数据等技术，对数据进行挖掘和分析，提高数据利用的效果和价值。

4. 设备兼容性问题

智慧楼宇系统涉及的设备类型繁多，不同厂商的设备间存在兼容性问题，导致设备间无法协同工作，影响系统的整体运行效果。

针对这一问题，需要建立设备兼容性测试和认证机制，规范设备接口和通信协议，提高设备间的兼容性和互操作性。

5. 智能化控制问题

智慧楼宇系统实现对楼宇各个方面的智能化控制，需要具备高度的智能化和自适应能力。但目前，智慧楼宇系统仍然存在智能化程度不够、自适应性不强等问题，难以满足楼宇管理的需求。

针对这一问题，需要进一步提高智慧楼宇系统的智能化程度和自适应能力。具体措施包括以下方面：

（1）加强数据的采集和处理。智慧楼宇系统需要通过大量的数据采集和处理，不断优化和完善智能化控制功能，提高系统的智能化程度和自适应性。同时，需要开发智能算法和模型，实现对数据的智能分析和处理，提高系统的控制精度和效率。

（2）加强设备的协同和互联。智慧楼宇系统需要加强各种设备之间的协同和互联，实现数据的共享和交互，从而满足智能化控制的协同需要。同时，需要推广标准化的通信协议和接口，提高设备的互操作性和兼容性。

（3）推广智慧城市标准。智慧楼宇系统需要与智慧城市系统进行协同，实现数据的共享和交互，提高智能化控制的整体效果和效率。因此，需要推广智慧城市标准，建立智慧城市与智慧楼宇的互联互通机制，促进系统协同作用和整体效应的提高。

（4）加强安全管理。智慧楼宇系统涉及大量的数据采集、处理和传输，因此安全管理问题十分重要，需要建立完善的安全管理机制，采用先进的网络安全技术，进行数据的加密和安全保护，防止数据泄漏，保障系统的安全运行。

智慧楼宇建设与管理技术需要不断提高，才能为人们提供更加便捷、舒适和安全的居住环境，促进智慧楼宇真正意义的实现。

（二）管理问题

1. 管理者缺乏相关的知识和技能

智慧楼宇系统需要专业的管理人才来运营和维护，但在目前的市场上，管理者的技能和知识水平参差不齐，导致系统的运营和维护质量参差不齐。智慧楼宇系统的运营和维护需要涉及多个领域，如网络技术、物联网技术、智能化设备和安全等，需要专业的技术人才进行管理，但由于智慧楼宇系统还处于快速发展的初期阶段，市场上缺乏相关的人才储备，管理者的技能和知识水平相对薄弱，导致系统运营和质量维护难以保障。

解决该问题的方法，主要包括以下方面：

第一，建立专业的人才培养体系，提高管理人员的技能和知识水平。

第二，吸引优秀的技术人才加入智慧楼宇系统管理团队。

第三，建立与高校、科研机构等合作关系，引入先进的管理理念和技术，提高管理水平。

2. 管理流程不够清晰

智慧楼宇系统涉及的管理环节较多，包括运营、维护和安全等方面，如果管理流程不够清晰，就容易出现流程中断、任务延误等问题，影响系统的运行效率。此外，智慧楼宇系统是一个复杂的系统，需要不同管理环节间的协同配合，需要建立清晰的管理流程和沟通渠道，以保障系统的正常运营。

解决该问题的方法，主要包括以下方面：

第一，建立完善的管理流程和制度，规范各项管理活动。

第二，设立负责人，明确责任和权利，提高管理效率。

第三，建立信息化管理系统，实现各个环节间的信息共享和沟通，提高协同配合效率。

3. 服务模式不够完善

服务模式不够完善、相对单一，缺乏差异化和创新，需要提高服务质量和服务水平，以满足用户的不同需求。智慧楼宇系统的服务模式需要结合用户的需求实行定制化，提供个性化的服务，才能真正满足用户的需求。

解决这一问题，可以从以下方面进行改进和创新：

第一，提供差异化的服务模式。智慧楼宇服务模式需要根据用户的不同需求和偏好，提供差异化的服务模式，如开展个性化定制服务和增值服务等，以提高服务质量和用户满意度。

第二，开发智慧楼宇应用软件。智慧楼宇应用软件是智慧楼宇服务的重要组成部分，可以提供多种服务，如在线缴费、在线报修和在线预约等。开发智慧楼宇应用软件，可以方便用户使用，提高服务的效率和质量。

第三，提供智慧社区服务。智慧楼宇系统可以与社区服务进行对接，提供智慧社区服务，如社区活动和社区服务等，以提高社区的凝聚力和服务质量，满足用户的多元化需求。

第四，引入人工智能技术。智慧楼宇系统可以引入人工智能技术，通过智能化的算法和模型，提高服务的效率和质量，如基于机器学习的推荐系统、基于自然语言处理的智能客服系统等，以提高服务水平和用户满意度。

第五，建立反馈机制。智慧楼宇系统需要建立完善的反馈机制，及时收集用户的反馈和建议，持续改进服务质量和服务水平，以增强用户的参与感和归属感。

（三）成本问题

智慧楼宇建设和维护成本较高，是智慧楼宇面临的重要问题之一。智慧楼宇系统需要大量的资金投入，包括设备、软件和人力等方面的成本，建设和维护成本较高，需要长期、稳定的资金保障。

首先，设备成本是智慧楼宇建设的主要成本之一。智慧楼宇系统需要使用大量的传感器、智能设备和智能家居系统等高端设备，这些设备价格较高，需要大量的资金投入。此外，设备的更新换代也需要不断投入资金，以保证系统的持续运行和更新升级。

其次，软件开发和维护是智慧楼宇系统成本的重要组成部分。智慧楼宇系统需要开发和维护一系列的软件系统，包括智能家居系统、智能安防系统和智能能源管理系统等，这些软件系统的开发和维护需要大量的资金投入。此外，随着技术的不断更新，软件系统也需要不断更新升级，也增加了系统成本。

再次，人力成本是智慧楼宇系统成本的重要组成部分。智慧楼宇系统需要专业的管理人才来运营和维护，这些人才需要具备相关的技能和知识，需要投入大量的培训和学习成本。此外，运营和维护智慧楼宇系统，需要专业人员投入大量时间和精力，这也增加了人力成本投入。

最后，成本问题还包括运营和维护成本。运营和维护智慧楼宇系统需要不断投入资金和人力，以保证系统的持续运行和更新升级。此外，智慧楼宇系统的运营和维护，还需要不断加强系统安全、数据隐私等方面的保护，增加了运营和维护的成本投入。

针对智慧楼宇建设和维护成本较高的问题，可以采取以下措施来解决：

第一，科学规划和精细管理。在智慧楼宇建设中，要采取科学的规划和管理措施，避免浪费和成本过高投入。例如，在设备采购方面，可以采取集中采购、招标采购等方式，来降低成本；在设备使用和维护方面，可以采取精细化管理方式，减少能源浪费和设备损耗，从而降低成本。

第二，采用先进的技术和设备。采用先进的技术和设备是降低智慧楼宇建设和维护成本的关键。一方面，先进的技术和设备可以提高智慧楼宇的运行效率和管理水平，减少不必要的人工干预和管理成本；另一方面，先进的技术和设备可以降低设备的能耗和损耗，从而降低维护成本。

第三，建立合理的资金保障机制。智慧楼宇建设和维护需要大量的资金投入，因此建立合理的资金保障机制对于降低成本非常重要。可以通过多种方式来解决资金问题，如政府补贴、物业费调整等，以保障智慧楼宇建设和维护的资金需求。

第四，探索创新商业模式。智慧楼宇建设和维护需要多方面的投入和支持，因此可以探索创新商业模式，以吸引更多的投资和合作伙伴。例如，可以采用共建共享的模式，将智慧楼宇建设和维护的成本分摊给各方，从而降低成本。

综上所述，降低智慧楼宇建设和维护成本要从多方面入手，包括科学规划和精细管理、采用先进技术和设备、建立合理的资金保障机制、探索创新商业模式等，只有在这些方面做到有效改进，才能真正降低智慧楼宇建设和维护的成本。

第三章 智慧楼宇建设的技术支持

第一节 智慧楼宇建设的基础设施和技术支持

一、楼宇自动化控制系统（BAS）的概念

楼宇自动化控制系统（BAS）是指通过计算机、传感器和执行器等设备，对建筑内部环境、能源消耗等方面，进行实时监测和控制的系统。它的主要功能包括环境控制、安全管理、能源管理、设备监测和设备维护等。BAS 可以通过集成各种不同类型的设备，实现全面的自动化控制，例如，它可以对空调系统、照明系统、电梯系统和安防系统等进行集中控制和管理，从而提高建筑的使用效率和管理水平。

在 BAS 中，传感器和执行器扮演着重要的角色。传感器负责感知周围环境参数的变化，如温度、湿度和二氧化碳浓度等，而执行器则负责根据控制信号来调节设备的工作状态。计算机则是整个系统的核心，负责数据处理和决策控制等任务。BAS 的应用，可以提高建筑物的能源利用效率，降低运营成本，改善室内环境质量，提高工作效率，也可以提高楼宇的安全性和可靠性，降低楼宇管理对人力资源的依赖程度。

因此，在现代建筑中，BAS 已经成为不可或缺的一部分。BAS 还可以实现对楼宇内部设备的智能化管理，如环境控制系统、安防系统和能源管理系统

等。通过传感器、控制器和执行器等设备，将各种设备的控制、监测、调节和优化等功能进行集成，实现对楼宇内各设备的集中管理和控制。

BAS 的应用范围非常广泛，可以用于各种类型的建筑物，如住宅、商业建筑、学校、医院、机场和车站等。此外，随着智能城市建设的发展，BAS 还可以与城市智能化系统进行集成，实现城市能源管理和智能交通管理等应用。

二、BAS 的目标

BAS 的主要目标是实现楼宇设备的自动化控制和集成管理，提高设备的工作效率，降低能耗和运行成本，同时提高工作环境的舒适度和安全性。BAS 可以对建筑内部的电力、照明、通风、空调和给排水等设备进行集成控制和优化管理，实现各系统间的互联互通。

具体而言，BAS 的目标主要包括以下几个方面：

第一，提高设备的工作效率。通过对设备的监测和控制，BAS 可以根据实时数据和预设规则自动调节设备的运行状态，使得设备的工作效率最大化，从而降低能耗和运行成本。

第二，提高工作环境的舒适度。BAS 可以对空调、照明和通风等系统进行自动控制，实现室内环境的智能化调节，使得工作环境更加舒适。

第三，提高安全性。BAS 可以对火灾报警、防盗报警和监控等系统进行集成管理，实现对建筑物的全方位监测和保护，提高建筑物的安全性。

第四，提高管理效率。BAS 可以对建筑设备进行集成管理，实现对设备的统一监测、维护和管理，提高管理效率和降低管理成本。

（一）管理的目的

应用 BAS 的核心目的是通过自动控制、监视和测量建筑设备的运行状态，提高设备管理的效率和精度，以便正确掌握设备的运转、能耗和负荷变化等信息，从而实现节能、节约人力成本的目标。

应用计算机管理系统，可以大幅度提高设备管理的效率，实现自动化的运转控制。通过运用自动化技术，可以采用机械化运转、变更室内温湿度、控制照度、最小限度运转设备时间，以及减少室外空气进入等方法，来节约能源。一般认为，使用计算机管理系统可以节约能源25%。同时，电气设备消耗通常占总能源消耗的70%～90%，因此节能首先应从电气方面入手，降低电力消耗。

BAS可以监视和测量设备的运行状态，及时发现故障和异常，并进行预警和报警。这可以帮助维修保养人员快速响应，降低设备维修成本和维修时间。

此外，BAS还可以实现远程控制和管理。管理员可以通过计算机或移动设备远程监视和控制设备的运转状态，对设备进行管理和维护，实现智能化的设备管理。

（二）管理对象

1. 电气设备

管理电气设备主要是监视机械的动作状态、测量点及保护装置。管理的主要对象是对各配电系统的断路器、变压器、接触器、保险丝和电容器的状态进行监视。测量主要是对电力系统的电流、电压、有功功率、无功功率和功率因数的测量。

2. 空调设备

管理空调设备，要监视冷冻机、空调器和水泵的状态，进行温湿度测量，对空调系统所需的冷热源温度和流量进行调节。

3. 卫生设备

卫生设备是指在医院、诊所和卫生院等医疗机构中用于卫生、保健和治疗的各种设备。卫生设备管理涉及设备的采购、安装、使用、保养、维修和淘汰等多个方面。卫生设备的管理目标是确保设备的正常运行，保障医疗服务的安全和质量。同时，还需要满足医院的经济效益和效率要求，降低设备维修费用和设备闲置时间，提高设备的利用率。

卫生设备管理的对象包括设备管理部门、医疗技术人员、设备使用者和设备维修人员等。设备管理部门需要负责设备的采购、保养、维修和淘汰等工作，确保设备的正常运行。医疗技术人员需要熟悉设备的使用方法，正确操作设备，并定期进行设备维护和保养。设备使用者需要按照设备的使用规程和操作说明使用设备，防止设备的误操作和损坏。设备维修人员需要及时响应设备故障，并进行设备维修和保养工作。

卫生设备管理要建立完善的管理制度和管理体系，包括设备台账管理、维修保养管理、质量控制管理和安全管理等方面。同时，还要加强设备监测和评估，定期进行设备的安全性能和使用效果检测与评估，为设备管理提供科学依据和参考。卫生设备管理还要结合医院的实际情况，不断优化和改进管理工作，提高设备的使用效率和医院的综合竞争力。

三、BAS 的控制功能

BAS 的控制功能包括自动控制和手动控制两种方式。自动控制是指通过预设参数和程序，使设备在特定条件下自动运行、停止或调整，实现自动化控制。例如，在空调系统中，BAS 可以自动控制温度、湿度和风速等参数，以达到舒适的室内环境；在照明系统中，BAS 可以自动调整灯光亮度和色温等参数，以节约能源。

手动控制是指人工干预设备的运行状态，根据需要手动调整设备运行的参数。例如，在空调系统中，BAS 可以提供手动控制界面，让用户自行设置温度、湿度和风速等参数，以满足用户的个性化需求。

此外，BAS 还具备定时控制、紧急控制和远程控制等功能。定时控制是指根据时间设定，使设备在特定时间自动运行、停止或调整。紧急控制是指在设备故障、火灾等紧急情况下，BAS 能够自动切断设备电源或进行其他紧急控制。

远程控制是指通过互联网或其他通信方式，远程监控和控制设备的运行状态，实现集中管理。这些控制功能，可以使楼宇内的设备运行更加智能化和高效化，提高设备的舒适度，实现节约能源，减少设备维修成本，降低环境污染。

（一）中央站监控功能

中央站监控功能是指通过安装在中央控制室的计算机系统，对整个建筑内的设备进行远程监控、控制和管理。通过中央站监控功能，可以实现对建筑内各种设备的运行状态进行实时监测，包括空调、照明、电梯、安防和消防等设备，可以发现并及时处理异常情况，提高了设备的安全性和稳定性。

中央站监控系统通常采用分层管理结构，将建筑内的各个子系统和设备按照其功能和位置划分为不同的层次，以便进行有效的监控和管理。例如，可以将空调系统、照明系统、电力系统、安防系统和消防系统划分为不同的层次，并在中央控制室中设置相应的监控屏幕和控制面板，方便操作人员进行实时监测和控制。

通过中央站监控功能，还可以实现对建筑内的能源消耗进行实时监测和管理，包括电力、水和气等能源的使用情况，可以及时发现并处理能源浪费情况，提高了建筑的能源利用效率和节能水平。

此外，中央站监控系统还可以通过数据分析和预测，帮助建筑管理人员制订设备维护计划、制定能耗管理方案，提高建筑的运行效率和管理水平。

（二）控制功能

BAS 的控制功能主要包括运行控制、监视和报警、设备维护，以及数据分析等方面。

运行控制是指对楼宇内各种设备进行自动控制，包括空调、照明、电梯、安防系统和给排水系统等。通过对这些设备的控制，系统可以保证建筑内部环境的舒适度，并减少能源的浪费，达到节能的目的。

监视和报警是指系统对各种设备的运行状态进行实时监视，一旦设备出现故障或异常情况，系统会自动报警，提醒相关人员进行维修。通过实时监视，可以及时发现并解决问题，保证设备的安全稳定运行。

设备维护是指对各种设备进行定期维护和保养，延长设备的寿命和稳定性。系统可以根据设备的运行情况和维护周期，制订自动维护计划，并提醒维护人员进行维护。通过对设备的维护，可以减少设备故障的发生，提高设备的可靠性。

数据分析是指对各种设备的运行数据进行分析和统计，以便及时发现问题并提出解决方案。系统可以通过对数据的分析，找出设备的运行瓶颈和优化方案，提高设备的运行效率和稳定性，实现楼宇设备的智能化运行

（三）先进的报警功能

当系统出现故障、现场设备出现故障，以及监控参数异常时，均产生报警信号，报警信号始终出现在显示屏最下端，为声光报警，操作员必须对报警信号进行确认后，才能解除报警，但所有报警都将记录到报警汇总表中，供操作人员查看。报警共分四个优先级别，报警可设置实时报警打印，也可按时或随时打印。

（四）综合管理功能

BAS 的综合管理功能是指通过对建筑设备的全面管理、监控、控制和调节，实现对建筑内部环境的优化和能源的高效利用。

具体来说，综合管理功能包括以下几个方面：

第一，设备管理功能。BAS 能够实现对建筑内部各种设备的管理，包括电力设备、空调设备、照明设备和水暖设备等，通过对设备的监控、控制和维护，确保设备运行高效、安全和可靠。

第二，环境管理功能。BAS 能够实现对室内环境的管理，包括温度、湿度和空气质量等方面的控制和调节，通过实时监测和控制，保持室内环境的舒适和健康。

第三，能源管理功能。BAS 能够实现对能源的管理，包括电力、水和气等多种形式的能源，通过实时监测和控制，降低能源的消耗和浪费，提高能源利用效率。

第四，安全管理功能。BAS 能够实现对建筑安全的管理，包括消防、安全监控等方面的控制和监测，通过实时监测和预警，确保建筑的安全和稳定。

第五，数据管理功能。BAS 能够实现对各种数据的管理和处理，包括设备运行数据、能源消耗数据和室内环境数据等，通过数据分析和处理，优化建筑的管理和运营。

综合管理功能是 BAS 的重要组成部分，它能够实现对建筑内部各种要素的全面管理和优化，提高建筑的管理效率和运营效益。同时，也能够为建筑的可持续发展提供有力支持，实现节能减排和环境保护的目标。

四、BAS 常用设备

（一）传感器

传感器是自控系统中的首要设备，它直接与被测对象发生联系。它的作用是感受被测参数的变化，并发出与之相适应的信号。在选择传感器时，一般有三个要求，即高准确性、高稳定性和高灵敏度。

1. 温度传感器

在楼宇工程中，应用的温度传感器主要是接触式温度传感器，如热电阻、热电偶和 PTC 硅感应器等，由于测温元件与被测介质需要进行充分的热交换，在测量时，常伴有时间上的滞后，如 Pt 1 000，其在 0℃时，其电阻为 1 000Ω，随着温度的升高，电阻减小，灵敏度一般为 3～4Ω/K，响应速度一般为 15～30 s。

2. 压力传感器

常用的有电气式压力传感器，将被测压力的变化转换为电阻、电感等各种电气量的变化，从而实现压力的间接测量，常用的有压差开关、表压传感器、和静压传感器等。

3. 流量传感器

流量传感器是指测量管道中介质流量的一种装置，它可以将介质流量转换为电信号输出，并用于自动化控制系统中。其中，电磁流量计是流量传感器中常用的一种，它通过法拉第电磁感应定律，实现流量测量。

电磁流量计由电极和感应线圈两部分组成。当被测介质流经电极管时，会产生一个电极信号，而感应线圈则在外加磁场的作用下产生感应电动势。感应电动势的大小与流体速度和介质的导电性质有关，可以通过计算得到流体的体积流量。

电磁流量计的优点是测量范围广，可测量导电性质的介质，精度高，无压力损失，抗干扰能力强，维护保养方便等。但也存在一些缺点，例如，对于非导电介质不能使用、价格较高等。

在实际应用中，电磁流量计被广泛应用于化工、水处理、环保和石油等行业中，用于测量液体和气体的体积流量。在工业自动化控制中，电磁流量计也是一个重要的传感器，可以实现对流量的自动化控制和调节。

4. 湿度传感器

湿度传感器是一种用于测量室内空气相对湿度的传感器，它能够将相对湿度转换为电信号输出，通常采用电容式或电阻式测量原理。

电容式湿度传感器通过感应空气中水蒸气的吸收和蒸发，来测量相对湿度。该传感器包括一个带电容板的传感器头和一个带有补偿电容的补偿电路。当空气中的水分分子吸附在电容板表面时，电容板的电容值会发生变化，这个变化会被传感器读取，并转换为相对湿度值。

电阻式湿度传感器则使用一种含有吸湿剂的电阻器，吸湿剂的吸湿能力与相对湿度成正比。当湿度增加时，吸湿剂中的水分分子会吸附在电阻器表面，从而导致电阻值的变化。传感器通过测量电阻值的变化，确定相对湿度。

湿度传感器通常与温度传感器配合使用，以计算出空气的露点温度和绝对湿度等参数。这些参数在HVAC（供暖、通风和空调）系统中广泛使用，以控制空气的质量和舒适度，并防止潮湿和霉菌生长。此外，湿度传感器还用于农业、食品加工和药品制造等领域。

5. 液位传感器

液位传感器是一种常见的传感器，主要用于测量和控制液体容器中的液位，例如水箱和水池等。其工作原理，一般是通过测量液体的压力或电容，来判断液位的高低，以下是一些详细点介绍：

第一，压力型液位传感器。通过测量液体在容器内的压力，来判断液位的高低。一般使用压电元件或应变片等传感器，将液体压力转换为电信号输出。

第二，电容型液位传感器。通过测量液体与容器壁之间的电容，来判断液位的高低。其原理是当液位高度变化时，液体与容器壁之间的电容值会发生变化，进而转换为电信号输出。

第三，超声波液位传感器。通过发送超声波信号，测量信号反射回来所需的时间，计算液位高度。其优点是不会受到液体的化学性质影响，适用于多种液体测量。

第四，磁翻型液位传感器。通过磁翻的方式，来判断液位的高低。其原理是在液体容器中放置磁性小球，在液位高于或低于设定值时，小球会受到磁力作用而翻转，从而切换传感器输出信号。

液位传感器广泛应用于水处理、环保和石化等领域，可以帮助监测和控制液位，保障生产和安全。

（二）执行器

在自动控制系统中，它接收控制器输出的控制信号，并转换成直线位移或角位移，来改变调节阀的流通截面积，以控制流入或流出被控过程的物料或能量，从而实现过程参数的自动控制。

1. 风阀执行器

风阀执行器用于控制安装于新风、回风口的风阀，既可进行开关控制，也可进行开度控制。执行器设有万能夹具，可直接夹持在风阀的驱动轴上，设有手动复位钮，在故障时可手动调节。根据风管横截面的大小，可选择不同扭矩的执行器。

2. 水管阀门执行器

水管阀门执行器与阀门配套使用，有开关式和调节式两种。开关式水管阀门执行器一般口径大，在冷热站中用于控制各系统工艺管道的开启和关闭、各种工况间的切换等。调节式水管阀门执行器主要用于控制流量，在空调机组中，根据控制器的温湿度设定值，控制回水流量和蒸汽加湿流量，使温湿度维持在设定值。

（三）现场控制器（DDC）

DDC 是用于监视和控制系统中有关机电设备的控制器，它是一个完整的控制器，有应有的软件和硬件，能独立运行，不受网络或其他控制器故障的影响。应根据不同类型的监控点数，提供符合控制要求和数量的控制器，每处 DDC 具有 10%～15%点数的扩充或余量。

1. 控制器构成符合以下要求

要构成 DDC，需要符合多项要求。

首先，它必须是可编程的 32 位或 16 位微处理器，并且具有可脱离中央控制主机独立或联网运行的能力。

其次，它应该具备电源模块和通信模块，并且应该有一个模板 LED 显示，以便实时显示每个数字输入和输出点的状态。当外电断电时，DDC 的后备电池可以保证 RAM 中的数据在 60 天内不丢失，并且当外电重新供应时，DDC 应该能够自动恢复正常工作。此外，如果 DDC 存储的数据丢失，用户应该能够通过现场标准串行数据接口和网络操作，将数据重新写入DDC控制器。DDC的操作程序和应用程序应该使用PPCL高级语言编写，并且程序的编写和修改可以在中央站或便携机上进行。DDC还应该能够在外电断电时存储其应有程序，并有与传感器的精度相匹配的采集精度。

最后，DDC的工作环境应该是温度0℃～50℃，相对湿度不高于90%。

2. DDC具备以下功能

DDC是一种自动化系统，可以实现对建筑物内的各种设备的集中控制，其主要功能包括以下方面：

第一，定时启停。DDC系统可以根据用户需求，定时启动或停止建筑物内的设备，如空调、照明和通风系统等。

第二，自适应启/停。DDC系统可以通过感应建筑物内的温度、湿度和光照等变化，自动启动或停止相关设备，以实现最佳的能源效率。

第三，自动幅度控制。DDC系统可以实现对建筑物内设备的自动幅度控制，以满足不同的需求，如控制温度和湿度等。

第四，需求量预测控制。DDC系统可以通过历史数据和趋势分析，预测未来的需求量，并根据预测结果，自动调节设备的运行。

第五，事件自动控制。DDC系统可以通过扫描程序控制和警报处理，实现对建筑物内状况的自动控制，如故障报警和设备状态监测等。

第六，趋势记录。DDC系统可以实现对建筑物内各种数据的趋势记录，以便用户分析和优化设备运行。

第七，全面通信能力。DDC系统可以通过各种通信协议与其他系统进行通信，例如，可与建筑物内的安全监控系统、能源管理系统等进行数据交换和协调控制。

3. 中央监控站

中央监控站系统由PC主机、彩色大屏幕显示器及打印机组成，是BAS系统的核心，它可与工业以太网相连。整个大厦内所受监控的机电设备都在这里进行集中管理和显示，内装工作软件提供给操作人员下拉式菜单、人机对话、动态显示图形，为用户提供一个非常好的、简单易学的界面，操作简单，操作者不用具备专业的软件知识，即可通过鼠标和键盘操作管理整个控制系统。

五、BAS 的发展

（一）集散型控制系统（DCS 系统）

随着计算机技术的不断发展，BAS 也在不断的更新迭代，逐渐向着集散型、智能化、网络化的方向发展。

DCS 系统，也称分散控制系统、分布式计算机控制系统。

DCS 是一种基于微处理器技术，具有分布式控制、集中管理、通信和处理能力的自动化控制系统。其主要用于控制和管理工业过程，如化工、电力、冶金和石化等行业。

DCS 系统的发展历程可以分为以下几个阶段：

20 世纪 60 年代初，出现了最早的 DCS 系统。当时的 DCS 系统采用模拟控制方式，大量使用模拟控制回路和模拟信号处理模块，其可靠性和实时性有了很大提高。

20 世纪 70 年代，数字技术的出现和计算机技术的发展，使 DCS 系统逐渐从模拟控制向数字控制转变。随着现场可编程控制器（PLC）的应用，DCS 系统开始采用分散式控制方式，实现了过程控制与现场控制的分离，同时也提高了可靠性和实时性。

20 世纪 80 年代，DCS 系统开始向分布式控制方向发展，实现了分散式控制的分布式化。大型集成电路技术、光纤通信技术和网络技术的应用，使得 DCS 系统实现了分布式、模块化和开放式的架构，也加强了 DCS 系统与企业管理信息系统的连接。

21 世纪初，DCS 系统开始采用工业以太网、无线通信等新兴通信技术，使得 DCS 系统的分布式控制更加灵活和高效。同时，DCS 系统还引入了基于 Web 技术的远程监控和控制，使得用户可以通过互联网，实现对 DCS 系统的远程访问和控制。

（二）基于现场总线的控制系统（FCS）

FCS 是一种新型的自动化控制系统，它在现场设备与控制系统之间建立了一个高速的数字通信网络，使得现场设备之间可以直接交换数据，同时通过总线控制器与上层控制系统进行数据交互，实现对现场设备的集中控制与管理。

FCS 系统的发展始于 20 世纪 80 年代末，当时，由于传统的控制系统架构无法满足生产现场快速变化和高效运行的需求，因此人们开始探索新的控制系统架构。随着计算机技术的飞速发展，现场总线技术被广泛应用于自动化控制系统中，从而推动了 FCS 系统的快速发展。

90 年代初，德国西门子公司推出了 SINEC L2 总线，用于控制系统的数据传输。之后，欧洲自动化制造协会提出了一个名为“FIP”的工业通信协议，它可以实现多种现场设备之间的数据交换。而后，美国 Fisher-Rosemount 公司提出了一种名为“Fieldbus”的新型数字通信技术，它使用基于物理层和数据链路层的不同协议进行通信，并能够支持多种控制方式。

21 世纪初，FCS 系统的应用范围进一步扩大，新技术不断涌现。例如，Profibus-DP 技术用于连接现场设备，而 Profibus-PA 技术则用于过程自动化中的仪表测量和控制。此外，Modbus 协议、CAN 总线技术等也在 FCS 系统中得到广泛应用。随着智能制造和工业互联网的发展，FCS 系统正成为工业自动化控制领域的重要趋势之一。

现场总线是实现分布式控制的基础技术之一，通过将传感器和执行器等设备与控制器之间的通信集成在一个总线上，实现数据的高效传输和设备之间的互联互通。不同的现场总线标准，通常基于不同的物理层、传输层和应用层协议，并且各有其优缺点，适用于不同的应用场景。在楼宇自动化领域，Lonworks、BACnet、CAN、EIB 等现场总线因其高可靠性、高性能和广泛的应用范围而备受推崇。

然而，由于现场总线的多样性和互不兼容性，导致不同的现场总线之间无法直接通信和交换数据，因此在FCS的实现过程中，需要选择一种现场总线作为核心技术，并在该现场总线的框架下进行开发和集成。这就导致了FCS的可互操作性受到限制，只能在同一种现场总线系统中实现数据的共享和交换，限制了系统的扩展和升级能力。因此，如何解决现场总线之间的互操作性问题，成为FCS技术发展的一个重要方向。一些组织和标准化机构正致力于推动不同现场总线之间的互联互通，例如OPC技术和一些互操作性标准的制定。

1. LonWorks

LonWorks是由美国Echelon公司在20世纪80年代发明并推广的。在90年代初，LonWorks已经成为全球智能建筑自动化领域的主流技术之一，逐渐进入家庭自动化和智能家居等领域。随着技术的发展，LonWorks在楼宇自动化系统中逐渐取代了传统的控制系统，成为智能建筑领域中应用最广泛、最成熟的现场总线技术之一。

LonWorks的优点包括以下几个方面：

第一，开放性。LonWorks是一种开放性的技术，允许多种设备与系统之间的互操作性，能够实现不同设备之间的数据交换和通信。

第二，灵活性。LonWorks是一种高度灵活的技术，可以为不同的应用场景提供定制化的解决方案，适应不同的需求和要求。

第三，可靠性。LonWorks采用分布式控制方式，每个节点都是独立的，避免了单点故障问题，提高了整个系统的可靠性。

第四，省钱。LonWorks节点可以直接连到网络上，因此可以减少电缆的使用量，从而降低了整个系统的成本。

LonWorks的缺点主要包括以下几个方面：

第一，学习曲线较高。LonWorks是一种比较复杂的技术，需要较长时间的学习和实践，才能掌握。

第二，依赖于 Echelon。LonWorks 的技术标准是由 Echelon 公司控制的，因此该技术的发展和应用依赖于 Echelon 公司的支持和发展方向。

第三，兼容性不强。LonWorks 与其他现场总线技术之间的兼容性不强，因此在使用 LonWorks 时，需要选用与 LonWorks 兼容的设备和系统。

2. BACnet

BACnet 是一个用于建筑自动化和控制系统的通信协议，是一个开放的标准协议，由美国国家标准协会（ANSI）于 1995 年发布。BACnet 是一种用于自动化系统、控制系统与建筑设备之间通信的标准协议。BACnet 的发展历程可以分为如下几个阶段：初期阶段（1995 年—2001 年）：BACnet 在其早期的发展中，已经成为一个开放的、自由的协议标准，该标准主要由建筑自动化和控制领域的专家参与制定。发展阶段（2001 年—2010 年）：BACnet 在这个时期经历了一个快速发展的阶段。许多厂商加入了 BACnet 国际组织，并推出了更多的 BACnet 设备。成熟阶段（2010 年至今）：BACnet 的应用范围进一步扩大，已成为建筑自动化和控制领域的主流协议之一。

BACnet 的优点有以下几个方面：

第一，开放标准。BACnet 是一个完全开放的标准协议，任何设备都可以使用这种协议进行通信。

第二，互操作性。BACnet 协议支持多种不同设备之间的互操作，可以很方便地实现系统的集成。

第三，灵活性。BACnet 可以用于多种不同类型的设备，包括照明、加热、通风和空调等设备。

第四，可扩展性。BACnet 协议支持多种不同的网络拓扑结构，可以很容易地扩展和修改系统。

BACnet 的缺点有以下几个方面：

第一，复杂性。BACnet 是一个非常复杂的协议标准，需要较高的技术水平来实现。

第二，价格。BACnet 设备的价格相对较高，对于一些预算较低的项目来说可能不太适合。

第三，学习曲线。学习 BACnet 协议，需要一定的时间和精力，需要具备较强的技术背景。

3. CAN

CAN 总线是一种专门用于车辆网络通信的总线标准，由德国 Bosch 公司于 1986 年提出，被广泛应用于汽车、工业控制、医疗器械和机器人等领域。CAN 总线的发展历程如下：1986 年，Bosch 公司在汽车电子系统中首次采用 CAN 总线。1991 年，CAN 协议被国际标准化组织（ISO）批准为国际标准。1993 年，CANopen 协议提出，成为 CAN 总线应用的开放性标准。1995 年，Bosch 发布 CAN2.0A 和 CAN2.0B 标准，扩大了 CAN 总线的应用范围。2003 年，Bosch 发布 CAN-FD 标准，使 CAN 总线的数据传输速率得到大幅提高。

CAN 总线的优点有以下几个方面：

第一，速度快。CAN 总线具有高速数据传输能力，适用于需要高速数据传输的应用领域。

第二，抗干扰能力强。CAN 总线采用差分信号传输方式，能够有效地抑制电磁干扰和噪声，保证数据传输的可靠性。

第三，可靠性高。CAN 总线采用了多种错误检测和纠正技术，如 CRC 检验、重发机制和错误帧检测等，能够保证数据传输的准确性和可靠性。

第四，灵活性强。CAN 总线支持多种拓扑结构和数据传输方式，可满足不同应用的需求。

CAN 总线的缺点有以下几个方面：

第一，系统复杂。CAN 总线的硬件和软件设计较为复杂，需要专业的技术人员进行设计和调试。

第二，系统开销大。CAN 总线需要较多的硬件和软件资源支持，增加了系统的成本和开销。

第三，系统可扩展性差。CAN 总线的节点数量受到限制，不适用于大规模系统的应用。

4. EIB

EIB是一种基于现场总线技术的智能家居系统，起源于20世纪80年代的欧洲，旨在实现家居自动化和能源管理的目标。其发展历程如下：

1987年，德国开始研究EIB技术，并于1990年开始销售EIB产品。EIB最初的设计目的是控制照明、加热和通风等家庭设备，并在节能方面提供帮助。它通过一个标准化的总线结构，使不同的家居设备能够相互通信和控制，从而实现家庭自动化。1995年，欧洲EIB协会成立，推广EIB标准并加强对技术和产品的标准化管理。1999年，EIB被国际电工委员会和欧洲标准化委员会正式认证为标准化协议。此后，EIB在欧洲得到广泛应用，并逐渐成为智能家居市场的领导者。

EIB的优点有以下几个方面：

第一，容易安装。EIB系统使用标准的安装电缆，可以轻松安装，也容易扩展和维护。

第二，稳定性高。EIB使用低压直流供电和光缆通信，其稳定性高，可靠性强。

第三，可扩展性强。EIB系统可以添加新设备，而不需要更改基础设施或主控制器。

第四，易于集成。EIB系统具有广泛的应用程序接口，易与其他系统集成。

第五，支持多种设备。EIB系统可以控制照明、加热、通风和安全系统等多种家庭设备。

EIB的缺点有以下几个方面：

第一，昂贵。EIB系统的成本较高，需要投入大量资金。

第二，可编程性差。EIB系统缺乏强大的编程能力，难以适应更复杂的家庭自动化需求。

第三，技术支持不足。由于EIB在国际市场上所占的份额较小，因此可能难以获得广泛的技术支持和开发资源。

六、智慧楼宇建设项目的质量管理

智慧楼宇建设项目的质量管理是确保项目能够按照客户的要求完成，并在设计、施工、验收和运维等各个阶段实现高水平的安全、质量、进度和成本等目标。

以下是智慧楼宇建设项目质量管理的几个方面：

（1）质量目标的制定。在项目启动阶段，制定项目的质量目标和质量要求，包括施工质量、运维质量和安全质量等方面的指标，确保项目能够满足客户的需求。

（2）设计质量控制。在设计阶段，对设计方案进行审查和检验，确保设计符合规范和标准，并满足客户的要求。对于设计变更，需要进行评估和确认，避免对整个项目的质量和进度产生不良影响。

（3）施工质量管理。在施工阶段，要落实工程监理，严格按照设计要求和标准进行施工，确保施工质量和进度。同时，要开展质量检查和质量验收等工作，及时发现并纠正存在的问题。

（4）运维质量管理。在项目交付后，要确保运维工作按照客户要求和标准进行，包括维保计划的制订、维修工作的实施、设备清洁和保养等。同时，要开展运维质量检查和评估，及时发现并纠正存在的问题。

智慧楼宇建设项目的质量管理可以帮助项目实现高水平的安全、质量、进度和成本等目标，确保项目能够满足客户的需求和要求。同时，通过不断完善和提高质量管理体系，能够提高企业的品牌形象和竞争力，实现可持续发展。

（一）智慧楼宇项目质量管理体系构建

1. 智能化对现代楼房的实际应用

智能化技术在现代楼房中的应用范围越来越广泛，它不仅可以提高人们的生活质量和工作的便利性，还可以节约能源和资源，并提高楼宇的安全性。

在智能化的楼宇中，可以通过智能化的空调、照明、安防、能耗监测和管理系统，实现更加精确和高效的能源管理。通过传感器和监测系统，可以及时检测和控制楼宇的温度、湿度、照明和空气质量等参数，保证室内环境的舒适性和健康性。

智能化的楼宇安全系统不仅可以实时监控楼宇内的活动和异常情况，还可以自动化响应紧急情况，如火灾、地震等。此外，智能化的楼宇安全系统，还可以为楼宇内的人员和资产提供更加全面的保护。

智能化技术的应用，可以在楼宇管理和运营过程中提高效率。例如，通过智能化的维护和管理系统，可以实现对楼宇设备和系统的实时监测和管理，减少设备维护成本和能耗浪费。

智能化的楼宇管理系统，还可以实现对人员出入、会议室预订、电子邮件通知等业务流程的自动化管理，提高工作效率。

2. 质量目标的确定

在智慧楼宇建设项目中，质量目标的确定是确保项目质量的关键步骤之一。质量目标的确定要考虑到项目的整体目标及客户的需求，以确保项目在整体上达到客户期望的水平。

以下是一些常见的质量目标：

（1）符合相关标准和法规要求。项目要遵循相关的建筑和电气安全标准、法规要求，以确保项目的合法性和安全性。

（2）可靠性。智慧楼宇系统要有高可靠性，即能够保持长时间的稳定性，减少因故障或其他问题造成的系统中断时间。

（3）易用性。智慧楼宇系统要易于操作和管理，用户可以轻松地掌握系统的使用方法，并要方便维护和管理。

（4）灵活性。智慧楼宇系统要有一定的灵活性，以便在未来进行升级或扩展。

（5）能源效率。智慧楼宇系统要有高效的能源管理功能，以确保能源的最大利用率，并降低能源消耗。

（6）安全性。智慧楼宇系统要有高度的安全性，以防止未经授权的访问和操纵，做到保护个人信息和财产安全。

（7）可维护性。智慧楼宇系统要有易于维护和管理的特性，以确保系统的稳定性和持续性。

（8）成本效益。智慧楼宇系统要有适当的成本效益，以确保整个项目的经济性。

3. 通用分组无线业务（GPRS）功耗模块设计

需要明确 GPRS 功耗模块的功能需求和性能指标，这包括模块的功耗、传输速率、传输距离和稳定性等方面。然后，基于需求和指标，进行硬件和软件设计，包括选型、电路设计、PCB 设计和软件开发等环节。在设计中，需要特别注意 GPRS 功耗模块的低功耗设计，以确保长时间稳定运行。在设计完成后，需要进行严格的测试和验证。测试应包括功耗测试、传输测试和稳定性测试等，以验证模块是否满足设计要求。在测试过程中，需要记录和分析测试数据，以评估设计的质量并改进质量。同时，在项目中，应建立质量管理体系，以确保设计和实现过程的质量控制，这包括制定详细的设计和测试流程、规范化的文件管理、质量审查和改进等方面。

4. 电源模块

在智慧楼宇建设中，电源模块的作用十分重要，它为各智能节点提供稳定的电力，为系统下各个节点的工作提供能量。为了保证电源模块的正常工作，现阶段通常使用 ER26500 电池继电保护装置，作为供电系统中的重要电能保护装置。这种电池继电保护装置的正常使用寿命能够达到一年以上，且整个工作期间不用更换电池或对其进行维护，极大地提高了电源模块的使用效率和可靠性。

ER26500 电池继电保护装置采用可充电镍氢电池，其具有优异的性能和稳定的电压输出。此外，电池继电保护装置还内置了多项保护机制，如短路保护、过流保护、过压保护和过温保护等，有效保障了系统的安全运行。该电池继电保护装置的智能控制芯片能够实时监测电池状态、电流和电压等参数，并通过外部接口与其他模块进行通信，实现电源模块的智能化控制。

电源模块作为智慧楼宇建设中不可或缺的一部分，其质量的高低将直接影响整个系统的稳定性和可靠性。采用 ER26500 电池继电保护装置，可以有效提高电源模块的使用寿命和可靠性，为智慧楼宇的可持续发展提供保障。

5. 电量采集模块

电量采集模块在智慧楼宇建设项目中扮演着非常重要的角色，主要是通过采用柳川 485 智能电表，实现对整个建筑用电数据信息的准确采集。电路可以准确地采集各个用电终端的消耗能量，包括抄表、预付费及对抄表的开关控制等功能，使得电力管理更加高效、便捷和安全。并且，该模块具有多种优点，如安装成本低、兼容性好和安装位置不受信号质量影响等，这使得电量采集模块成为智慧楼宇建设项目不可或缺的重要组成部分。

具体来说，该模块通过采用 485-ttl 模块和 4G 无线遥控技术，设计出单相或三相的预付费电表遥控手机终端，实现了对用电信息的精准采集和管理。其兼容性和低成本优势，使得安装与维护非常便捷，并可以提高电力管理的效率，为楼宇管理提供保障。此外，该模块的安装位置不受信号质量的影响，使得其可以应用于各种环境下的电力管理，具有非常广泛的应用前景。

6. 水量采集模块与信息共享设计

智慧楼宇系统中的水量采集设计，是对楼宇的用水和给排水能耗进行智能检测的重要部分。在该设计中，泰安 485 智能水表被用作数据采集节点，可以在楼宇的各个位置进行安装。该智能水表可以精准地采集各水表终端的水量数据，并将数据传输到数据采集节点上。通过对数据的分析，可以实现楼宇用水的抄录、计量和控制。此外，用户可以通过手机或其他终端实现水费的预先支付，从而方便、快捷地管理水费支出。泰安 485 智能水表具有安装灵活、数据准确、数据采集实时和水费管理便捷等特点，该水表的应用，可以实现楼宇用水数据的智能化管理，帮助管理人员更好地掌握楼宇用水情况，提高用水效率和节能减排水平。此外，该智能水表还可以与其他智能设备进行联动，实现楼宇水资源的高效利用和智能控制，提高楼宇的智能化水平和管理水平。

（二）智能系统施工质量管理

1. 施工团队与设计

智慧楼宇的施工方案对技术和工程质量要求非常高。施工单位必须具备弱电工程的专业技术和经验，并且熟悉国家和地方政府颁布的相关强制性标准。弱电系统设计单位需要提供监理单位认可的专业技术证明。在经过专家论证后，施工方案才可以获得通过。图纸作为施工标准的直接依据，必须完全准确，没有任何疏漏，以确保施工过程中的质量。

在施工过程中，如果需要进行系统设计变更，需要按照相关规定程序，进行上报处理。实际施工质量必须经过检测，以确保符合质量标准。如果在施工过程中出现问题，需要重新规划设计方案，以确保工程质量和安全。

在整个施工过程中，需要严格按照规范来操作，保证施工安全和工程质量。只有这样，智慧楼宇系统才能够顺利地建设完成，并发挥出最优秀的性能，实现较好的效益。

2. 子系统

（1）子系统的多样性。在智能系统施工质量管理中，子系统的多样性是一个非常重要的方面。智能系统由多个子系统组成，如安防子系统、能耗管理子系统、楼宇自控子系统和电力供应子系统等。每个子系统都有其独特的功能和特点，其施工质量直接影响整个智能系统的可靠性和稳定性。

由于智能系统子系统的多样性，要确保施工质量，必须针对每个子系统进行专业化的施工管理。在施工前，需要有详细的设计和计划，根据子系统的特点，确定合适的施工方法和施工工艺，并编制详细的施工方案和施工标准。在施工过程中，需要对每个子系统的施工过程进行监控和质量检查，确保每个子系统都按照设计和标准进行施工。

此外，在智能系统施工质量管理中，还需要考虑各个子系统之间的协调和集成。在施工过程中，需要对不同子系统之间的接口进行精确匹配和测试，确保各个子系统之间的相互作用和配合无误。这样，才能确保整个智能系统的正常运行。

（2）子系统控制面板。应注重验收阶段的视觉感官验收，例如，将子系统网线控制箱存放于弱电井内部时，应保持内部接线整齐有序；智慧楼宇内部各子系统的信息控制面板要摆放合理，标记准确、清晰；对于弱电设备安装，要穿插于各子系统的施工进度中。

3. 材料、设备

在智能系统的施工中，对弱电材料、设备进行检查，是施工质量管理的一个重要方面。由于不同子系统的专业项目种类不同，所以用到的设备材料种类也会有所不同。现场安装技术人员要对这些材料设备的质量进行全面检查，以确保其满足质量要求，严格检测套管、钢筋、线盒和转接头等的尺寸、质量、材质和力学性能等。

当材料上的标志不清晰或不符合要求时，现场安装技术人员必须对质量持有怀疑态度，要求进行二次全面排查抽检。对于进口设备器材，必须核查产地信息证明和海关商检合格证明文件。为了确保所有选购的材料符合质量要求和合同规定，每次报备选购都应填写报审表，并经过管理人员审批同意后，方能用于工程。这些严格的管理措施可以有效避免使用不合格的材料，确保工程施工质量的稳定性和可靠性，减少后期的维修成本。

4. 管线

随着智慧楼宇建设的不断发展，弱电管线作为系统运行的重要保障，其质量安全稳定运行至关重要。在施工过程中，需要加强管线施工管理，确定管线具体方位、线槽、分线盒和桥架材料的定位安装，时刻注意不同类型管线的不同使用情况，避免出现管线排版错乱问题，切勿图方便而将这些管线放置于同一管路中。

同时，智慧楼宇建设的工程质量管理也面临着巨大的挑战。建筑工程的质量是建筑行业的命脉，而随着城市化进程的加快和大型综合性建筑的崛起，智慧楼宇建设工程质量管理面临着更加严峻的考验。只有通过不断实践和经验积累，提高建筑质量和管理水平，才能保证智慧楼宇建设的质量稳步提高，为人们提供更加舒适、便捷的生活环境。

第二节 智慧楼宇建设的步骤和流程

智慧楼宇建设的步骤和流程，可以大致分为以下几个阶段：

一、需求分析阶段

智慧楼宇建设是建筑物与信息技术的深度融合，旨在提高建筑物的管理、安全、节能和舒适性等方面的综合性能。在智慧楼宇建设的过程中，需求分析阶段是非常重要的一个阶段，也是整个建设流程的第一步，它的主要任务是了解业主、使用者和物业管理方的需求，收集信息和数据，制定智慧楼宇建设的目标和规划方案。

（一）需求分析的意义和目的

需求分析是智慧楼宇建设的重要组成部分，也是整个建设过程的第一步。需求分析阶段的目的在于了解业主、使用者和物业管理方的需求，收集信息和数据，制定智慧楼宇建设的目标和规划方案。只有在深入了解业主、使用者和物业管理方的需求后，才能为其提供更好的服务，并实现智慧楼宇的综合性能提高。

（二）需求分析的步骤

1. 建立需求分析团队

建立一个专门的需求分析团队，由建筑师、电气工程师和智能化系统工程师等多个专业领域的人员组成，以确保对智慧楼宇建设的需求进行全面、深入分析和评估。

2. 收集需求信息

收集业主、使用者和物业管理方的需求信息，包括建筑物的基本信息、使用者的需求和期望、物业管理方的服务要求等。

3. 分析需求信息

分析收集到的需求信息，归纳总结需求，并进行分析和评估。重点关注建筑物的功能、安全、节能和舒适性等方面的需求，以及智慧楼宇建设所要达到的目标。

4. 制定规划方案

根据需求分析的结果，制定智慧楼宇建设的规划方案，包括技术方案、投资方案和实施方案等。同时，需要与业主、使用者和物业管理方进行沟通，获得他们的认可和支持。

5. 编制需求分析报告

编制需求分析报告，明确智慧楼宇建设的目标、规划方案和实施计划，并向业主、使用者和物业管理方进行汇报。

（三）需求分析的重点内容

1. 建筑物的功能需求分析

建筑物的功能需求是智慧楼宇建设的核心内容，主要包括安全、能耗、舒适性和便利性等方面。在需求分析阶段，需要对这些需求进行详细分析和评估，以便在后续的规划、设计、建设和运营中能够得到有效满足。

（1）安全需求分析。安全是智慧楼宇建设的首要需求，主要包括消防安全、防盗安全和人身安全等方面。需求分析团队要对建筑物的安全风险进行评估，确定需要安装哪些安全设备和系统，如消防设备、监控系统和入侵报警系统等，以保障建筑物的安全。

（2）能耗需求分析。建筑物的能耗是智慧楼宇建设的一个重要需求，主要包括节能和能源管理两个方面。需求分析团队要分析建筑物的能耗状况，确定需要安装哪些节能设备和系统，如智能照明、空调节能系统和太阳能发电等，以达到节能减排的目的。

（3）舒适性需求分析。舒适性是智慧楼宇建设的一个重要需求，主要包括室内温度、湿度、空气质量和噪声等方面。需求分析团队要分析使用者的需求和期望，确定需要安装哪些智能化设备和系统，如温度控制系统、空气净化系统和噪声控制系统等，以提高使用者的舒适感。

（4）便利性需求分析。便利性是智慧楼宇建设的一个重要需求，主要包括停车、进出门、物业管理等方面。需求分析团队要分析业主和使用者的需求和期望，确定需要安装哪些智能化设备和系统，如停车管理系统、智能门禁系统和物业管理系统等，以提高建筑物的便利性和管理效率。

2. 智慧化技术和设备需求分析

智慧化技术和设备是智慧楼宇建设的重要组成部分，需求分析团队要对智慧化技术和设备的需求进行详细分析和评估，以确定要采用哪些技术和设备。

以下是智慧化技术和设备需求分析的具体步骤：

（1）定义需求。首先，需要对智慧化技术和设备的需求进行定义，包括要实现哪些功能和服务，如安全管理、节能管理、环境监测和设备管理等。同时，还要明确实现这些功能所需的技术和设备，如传感器、智能控制系统、云计算和大数据分析等。

（2）评估可行性。在确定智慧化技术和设备需求后，需要评估其可行性。

评估可行性包括技术可行性、经济可行性和运营可行性；需要确定所选技术和设备是否可靠、成本是否合理、是否易于维护等，并评估其对智慧楼宇系统的影响。

（3）研究技术和设备。在确定智慧化技术和设备需求后，需求分析团队要深入研究各种技术和设备的特点、功能、性能和适用范围，比较各种技术和设备的优缺点，以便选择最合适的技术和设备。

（4）制定技术和设备方案。根据需求分析和技术研究，需求分析团队可以制定技术和设备方案。方案应该考虑到整个智慧楼宇系统的需求和要求，包括数据传输、数据存储和数据处理等方面。

（5）与供应商沟通。在制定技术和设备方案后，需求分析团队要与供应商进行沟通，了解其提供的技术和设备是否符合需求，以及其提供的服务和支持是否能够满足智慧楼宇系统的需求。

二、设计阶段

在需求分析的基础上，根据楼宇的实际情况，设计智慧楼宇的系统和设备，包括设计智能化系统的架构、选取设备和技术、编制系统方案和预算等。

以下是智慧楼宇设计阶段的详细步骤：

（一）确定智慧化系统的架构

智慧楼宇的系统架构是整个系统设计的基础，要结合楼宇的实际情况和需求，确定智慧化系统的架构。一般来说，智慧化系统可以分为基础设施层、数据层和应用层三个层次，要确定每个层次的功能和构成。

（二）选取智慧化设备和技术

智慧化设备和技术是实现智慧化建设的关键，要选择适合的设备和技术，包括智能感知设备、物联网技术、云计算和大数据分析等。

（三）编制系统方案和预算

根据楼宇的需求和选择的设备及技术，确定智慧化系统的详细方案，包括系统的实施计划、技术规范、系统框图、数据流程等。同时，还要编制系统的预算和成本控制计划，确保智慧化建设能够按计划和预算实施。

（四）确定智慧化系统的测试和验收标准

在智慧化系统设计完成后，要对系统进行测试和验收。为了确保系统的质量和性能达到预期，要确定智慧化系统的测试和验收标准，包括功能测试、性能测试和安全测试等。

（五）与业主、使用者和物业管理方进行沟通

智慧化系统的设计，是要与业主、使用者和物业管理方进行充分沟通的过程。在设计过程中，要与他们沟通智慧化系统的需求和期望，获得他们的认可和支持，确保智慧化建设能够真正满足他们的需求。

三、设备采购和安装阶段

根据设计方案，采购所需设备和器材，按照设计方案进行安装调试。下面是智慧楼宇设备采购和安装阶段的详细点：

（一）确定设备清单和供应商

根据设计方案，确定所需的设备清单和相应的供应商，评估供应商的资质和服务水平，并进行谈判与合同签订。

（二）确定采购方式

根据实际情况，确定采购方式，主要包括公开招标、邀请招标和询价比选等方式。

（三）确定采购预算

根据设备清单和采购方式，制定采购预算，要考虑设备价格、数量、质量和服务费用等因素。

（四）确定安装位置和方式

根据设计方案和实施计划，确定设备的安装位置和方式，要考虑设备的功能和使用要求，以及设备安装后的维护和保养等因素。

（五）设备安装调试

设备安装完成后，要进行调试和测试，确保设备能够正常运行，并与其他设备和系统进行协调。

（六）编制安装验收报告

设备安装调试完成后，编制安装验收报告，包括设备安装情况、调试测试结果和使用注意事项等内容。同时，要对设备进行试运行，确保设备能够满足楼宇的需求。

（七）安装保养和维护

设备安装调试完成后，要进行日常保养和维护，包括设备的清洁、维修和更换等工作，要制订相应的保养和维护计划，确保设备能够长期、稳定运行。

四、系统集成和测试阶段

将采购安装的设备进行系统集成，编写相关程序并进行测试，确保系统正常运行。

智慧楼宇系统集成和测试阶段主要包括以下步骤：

（一）系统集成设计

在设备采购和安装完成后，需要进行系统集成设计，将各个设备和系统集成起来，实现系统的整体运行。根据系统设计方案，进行软硬件配置，进行网络连接和通信协议设计等。

（二）程序编写和测试

根据系统集成设计，编写程序代码，实现各个系统之间的信息传递和数据交换。编写的程序要进行测试，确保各个系统之间的信息传递和数据交换正常，以及系统的稳定性和可靠性。

（三）系统测试

对整个智慧楼宇系统进行测试，包括硬件设备、软件程序和系统功能等。测试的内容包括设备的稳定性和可靠性、系统功能的完整性和正确性、系统的性能和安全等方面。测试结束后，要进行记录和分析，解决出现的问题，并进行修正。

（四）系统验收

智慧楼宇系统集成和测试完成后，要进行系统验收。系统验收主要包括功能验收、性能验收和安全验收等方面。通过验收后，可以将系统正式交付给业主和物业管理方，开始运行和使用。

智慧楼宇系统集成和测试是一个非常重要的阶段，其成功与否直接关系到智慧楼宇的正常运行和使用效果。因此，要严格按照设计方案和测试流程进行操作，确保系统的稳定性和可靠性。

五、运营和维护阶段

对智慧楼宇的系统和设备进行运营和维护，包括实时监控、故障排除、设备保养和系统更新等。

智慧楼宇的运营和维护阶段包括以下几个方面：

（一）实时监控和数据分析

智慧楼宇系统要实时监控和分析各种数据，包括能源消耗、设备运行状况和室内环境质量等。通过对数据的分析，可以及时发现问题，进行预测和预防，提高系统的可靠性和运行效率。

（二）故障排除

在智慧楼宇的运营过程中，难免会出现各种故障和问题，要及时进行排除。通过定期巡检和维护，以及建立完善的故障处理机制，可以快速解决问题，减少系统停机时间和损失。

（三）设备保养

智慧楼宇的各种设备要定期保养和维护，以确保设备的正常运行和使用寿命。保养和维护工作包括设备清洁、检修和更换，以及保养记录和统计等。

（四）系统更新和升级

随着技术的不断发展和更新，智慧楼宇的系统和设备也要不断进行升级和更新。通过定期的系统更新和升级，可以提高系统的性能和使用效率，满足业主和使用者的需求。

智慧楼宇的运营和维护是一个复杂的过程，要全面考虑各种因素，并采取有效管理措施。通过定期的维护和管理，可以提高系统的稳定性和使用效率，为业主和使用者提供更好的服务和体验。

六、用户培训和反馈阶段

要对智慧楼宇的使用者进行培训，以使他们了解如何使用系统，对系统的使用效果和反馈也要收集。

（一）用户培训

1. 培训计划制订

根据智慧楼宇系统的使用情况和用户需求，制订用户培训计划，包括培训时间、培训地点、培训内容和培训方式等。根据用户的特点，选择不同的培训方式，如现场培训、在线培训和视频培训等。

2. 培训材料准备

准备培训材料，包括培训课件、操作手册和视频教程等。培训材料应该简明易懂，让用户能够快速掌握系统的使用方法。

3. 培训师资力量准备

组织专业的培训师团队，包括智慧楼宇系统工程师和培训师等，确保培训师具有丰富的系统使用经验和良好的沟通能力，能够向用户传授系统的使用技巧和注意事项。

4. 培训实施

根据培训计划和材料，开展培训活动。在培训过程中，应当重点关注用户的反馈和问题，及时解答用户的疑问，帮助用户掌握系统的使用方法和技巧。

（二）用户反馈

用户使用智慧楼宇系统后，应当收集用户的反馈，包括系统的优点和不足。通过用户反馈，可以及时了解用户的需求和问题，以便优化智慧楼宇系统，提高用户的满意度。

1. 收集用户反馈

在系统运行过程中，定期向用户收集反馈意见，包括系统使用的感受、存在的问题和建议等，可以采用在线调查、问卷调查和电话访问等形式进行。

2. 分析用户反馈

对用户反馈的意见和建议，进行分析和评估，制定相应的改进措施和优化方案。根据用户反馈，优化智慧楼宇系统，提高系统的稳定性和可靠性。

3. 反馈用户改进措施

向用户反馈改进措施和优化方案，让用户了解智慧楼宇系统的改进进展和效果。同时，也可以根据用户的改进建议和意见，进行下一轮的改进和优化。

4. 提供用户培训

针对系统改进和优化后的新功能和操作方法，提供用户培训和指导，让用户更好地使用智慧楼宇系统，提高系统的使用效果和使用效率。

5. 建立用户服务体系

建立完善的用户服务体系，包括 24 小时服务热线、在线客服和问题反馈平台等，及时解决用户遇到的问题和困难，提供及时的技术支持和服务。

6. 总结和改进

定期对用户反馈进行总结和分析，不断改进和完善智慧楼宇系统，提高用户的满意度和使用体验，为楼宇管理和维护提供更加智能化、更加高效的解决方案。

七、数据分析和优化阶段

通过对数据的收集和分析，对智慧楼宇的系统和设备进行优化和改进，以提高系统的性能和使用效率。

（一）数据收集

在智慧楼宇系统运行过程中，通过各种传感器和设备，可以实时采集楼宇的各种数据，如温度、湿度、照明亮度、能耗和水流量等，这些数据反映了楼宇的实际情况和运行状况。

（二）数据分析

通过对数据进行分析，可以发现楼宇存在的问题，如能耗高、照明不足和温度不稳定等，针对这些问题可以制定相应的优化方案。同时，通过对历史数据进行分析，可以发现楼宇的用能趋势，为楼宇的规划提供参考。

（三）优化方案

根据数据分析的结果，制定优化方案，包括调整智慧楼宇系统的参数设置、更新系统软件和更换设备等，以达到节能减排、提高舒适度和降低运营成本的目的。

（四）数据可视化

通过数据可视化的方式，将数据以图表等形式展示出来，便于楼宇管理者和使用者直观地了解楼宇的运行状态和运营效益，为决策提供参考。

（五）持续优化

优化是一个持续的过程，要不断地进行数据收集、分析和优化。同时，要加强数据保护和隐私保护，保证数据安全和可靠性。

智慧楼宇数据分析和优化阶段是智慧楼宇建设中不可或缺的一环，通过科学的数据分析和优化，可以实现楼宇节能减排、提高舒适度和运营效益的目的，为楼宇的可持续发展提供支持。

八、楼宇智能化综合安防监控系统

楼宇智能化综合安防监控系统是一种集成化、智能化和高效化的安防管理系统，旨在提高楼宇的安全性和管理效率。

20 世纪 70 年代，随着监控技术的不断发展，出现了第一批闭路电视监控系统，主要用于大型企事业单位和政府机关的安防监控。这些系统功能单一，监控范围狭窄，受到诸多限制。

20 世纪 80 年代初，数字技术的进步和计算机技术的发展，带来了基于计算机的监控系统，解决了传统监控系统中的诸多问题，如视频质量、存储容量和管理效率等，可以更好地支持对监控数据的处理、分析和利用。

20 世纪 90 年代，随着网络技术的发展，互联网逐渐进入人们的生活。在这一背景下，出现了基于互联网的远程监控系统，可以通过网络实现远程实时监控、控制和管理。这种系统极大地提高了安防监控的便捷性和可操作性。

21 世纪初，随着智能化技术的迅速发展，楼宇智能化综合安防监控系统成为人们关注的焦点。这种系统集成了多种安防监控设备和技术，如视频监控、门禁系统、报警系统和消防系统等，通过数据整合和智能化处理，实现全面、精准、高效的安防监控。

当前，随着物联网、云计算和大数据等技术的不断成熟，楼宇智能化综合安防监控系统将进一步发展。未来，这种系统将更加智能、高效和便捷，可以更好地支持楼宇的安全管理和智能化升级。

（一）楼宇智能化综合安防监控系统概述

楼宇智能化综合安防监控系统是指通过利用现代化的信息技术和自动化技术，将多个安防监控子系统整合在一起，通过互联互通和数据共享，实现对整个楼宇内部和周边环境的安全监控和管理。这些子系统包括视频监控系统、门禁控制系统、入侵报警系统、火灾报警系统和可视对讲系统等，通过集成化的智能化系统平台，实现对多种安全事件的实时监测、预警、控制和应急响应。

楼宇智能化综合安防监控系统具有多种优势，首先，可以提高安全性和保障性，使管理者可以及时监测和控制整个楼宇的安全情况，有效遏制各种安全事件的发生；其次，可以实现智能化的安防管理，通过对多种监控数据的分析和处理，为管理者提供更加科学、全面的安全决策支持；最后，还可以降低维护和运营成本，通过将各个子系统整合在一起，减少不必要的重复建设和维护，提高系统的可靠性和使用效率。

（二）智慧楼宇安防监控系统设计原则

智慧化楼宇的安防监控系统是保障楼宇安全的重要组成部分，也是实现楼宇智能化的关键。在系统的设计过程中，要遵循一定的设计原则，以确保系统能够发挥最佳的性能。

设计安防监控系统，要考虑楼宇内部的结构和功能分布，了解每个区域的用途和特点，以此来制定不同的监控策略和技术方案。

设计安防监控系统，要选用合适的监控设备和技术，如高清摄像头、人脸识别技术和热成像技术等，以保证系统具备高效、精准的监控能力。

在设计过程中，要考虑系统的可扩展性和灵活性。随着楼宇的不断扩建和改造，安防监控系统要具备可扩展的能力，以适应不同的需求和场景。同时，系统还要具备灵活性，以便在不同的应急情况下，能够快速响应和处理。

此外，设计安防监控系统，还要考虑系统的可靠性和安全性。系统要具备高可靠性，以保证系统的持续稳定运行。同时，系统还要具备高安全性，以保障数据的保密性和完整性，防止系统被黑客攻击或破坏。

最后，设计安防监控系统，要考虑系统的用户友好性和易用性。系统要简单易懂，方便用户操作，还要具备良好的数据可视化和分析能力，以便用户能够及时获取、分析和处理监控数据。

1. 符合楼宇智能化特征

在安防监控系统设计过程中，要充分发挥高度智能化的特点，包括自动编程、自动储存、自动故障排查和自动数据分析，以降低人为因素对系统构建的影响，并提高自动化管理的可靠性。

随着科技的不断发展和进步，人们对于楼宇安全监控系统的要求越来越高，希望能够实现高度智能化。因此，在安防监控系统的设计过程中，要考虑以下几个方面：

首先，要实现自动编程功能，即能够自动根据用户的需求和具体情况，生成合适的监控方案和程序。这要通过对系统进行大量的学习和分析，以识别用户的需求，并结合楼宇的具体情况，生成适合的监控方案和程序。

其次，要实现自动储存功能，即能够自动收集、储存和管理各类信息及资料，包括图像、视频和音频等。这要运用更加稳定且可靠的无线通信与有线通信方式，开展资料的储存及收集，以确保数据的完整性和可靠性。

再次，要实现自动故障排查功能，即能够自动识别和排查系统运行过程中出现的各类故障，并进行相应的修复。这要在系统设计过程中，充分考虑各种可能出现的故障情况，并配备相应的检测、监测和故障排查设备和程序，以确保系统的稳定性和可靠性。

最后，要实现自动数据分析功能，即能够自动对系统收集的各类数据进行分析和处理，以帮助用户更好地理解和掌握系统的运行情况。这要在系统设计过程中，充分考虑各种可能的数据分析和处理方法，并开发相应的算法和程序，以实现高效、准确的数据分析和处理。

2. 满足高可靠原则

在智慧楼宇安防监控系统的设计过程中，高可靠性是一个非常重要的设计原则。高可靠性的系统可以保证系统的稳定性和持续性，降低系统因故障停止运行的风险，进而保障建筑的安全和稳定。

以下是满足高可靠性的一些设计原则：

（1）冗余设计。在系统的各个关键环节，都应该设置备件或者冗余，即使某个部件或者设备出现故障，备件可以立刻接管工作，保证整个系统不会因此停止运行。

（2）可扩展性。系统应该具有一定的扩展性，可以根据实际需要，随时增加新的设备或者功能模块。

（3）灵活性。在进行系统设计时，应该考虑各种可能性，并可根据情况进行灵活配置和调整，以保证系统的稳定性和可靠性。

（4）测试和验证。在系统设计和实现的过程中，应该进行充分的测试和验证，以确保系统的各个部分都能够正常工作，并满足设计要求。

（5）维护和保养。系统的维护和保养非常重要，应该建立健全维护保养机制，并定期进行检查和维护，以保证系统长期、稳定运行。

3. 具备高度网络化特征

在智慧楼宇安防监督系统的设计过程中，具备高度网络化特征是十分重要的原则之一。网络化特征意味着系统中所有设备与控制单元之间都能够实现数据的交换和共享。因此，在系统设计中，要充分考虑网络通信设备和协议的选择，确保系统中各部分能够通过网络，实现信息传输和交换。

4. 具备可升级性

在智慧楼宇安防监控系统设计中，可升级性是一个重要的设计原则。由于技术和设备的不断发展，安防监控系统要不断更新和升级，以满足不断变化的需求。设计具备可升级性的智慧楼宇安防监控系统，可以降低维护和升级成本，增加系统的灵活性和可扩展性，并确保系统能够持续满足用户的需求和未来的技术发展。

（三）楼宇智能化综合安防监控系统结构与功能设计

1. 开展结构设计工作

在楼宇智能化综合安防监控系统的设计中，结构设计是一个关键环节，它决定了系统在实际应用中的稳定性和可靠性。结构设计包括系统的物理布局、硬件设备的选择和连接方式等多个方面。

首先，在物理布局方面，应根据楼宇的实际情况，确定设备放置的位置和数量。通常，监控中心、服务器、存储设备和网络设备等核心设备应放置在固定的房间内，以保证系统的稳定运行；摄像头、门禁设备等终端设备应根据实际需要，分布在楼宇的各个区域内。

其次，在硬件设备的选择方面，应选用高品质的硬件设备，如高性能服务器、高清晰度摄像头和高可靠性的存储设备等，以保证系统的高效、稳定运行。同时，硬件设备的配置应根据实际应用需要进行调整，如选择合适的 CPU、内存和硬盘等，以满足系统对于大规模数据存储和处理的需求。

最后，在连接方式方面，应根据实际情况，选择合适的通信方式，如有线通信、Wi-Fi 和 4G 等。在连接设备时，应使用高质量的连接器和线材，并应避免过长的连接距离和复杂的连接方式，以确保连接的稳定性和可靠性。

2. 对功能设计进行分析

在楼宇智能化综合安防监控系统的功能设计过程中，要考虑多种、不同的功能需求，以确保系统能够满足用户的实际应用需求。其中，最基本的功能就是实现对楼宇内部和周边环境的安全监控，包括对入侵者、火灾和煤气泄漏等安全事件的及时报警和处理。此外，还要实现对人员出入、设备管理和会议室预订等多方面的智能化管理，以提高办公效率和管理水平。

在功能设计的过程中，还要考虑系统的扩展性和可升级性。因为随着楼宇内部设施和业务需求的变化，安防监控系统的功能需求也会随之发生变化，所以系统要具备较强的可扩展性和可升级性，以便随时增加新的监控点、设备或功能模块，还要保证各个功能模块之间的协调性和兼容性。

此外，在功能设计过程中，还要考虑系统的数据管理和分析能力。通过对各种监控数据的自动采集和处理，可以实现对楼宇内部安全状态的实时监控和分析，及时发现和处理各类安全隐患和风险。同时，还可以通过数据分析和挖掘，为楼宇管理和业务决策提供有价值的参考信息。

第三节 智慧楼宇建设的关键技术和应用案例

一、新技术推动楼宇智慧化

（一）楼宇市场发展进入新阶段

1.政策支持楼宇智能化发展

随着城市化进程的不断推进和人们对生活质量要求的不断提高，楼宇智能化已经成为当前建筑领域的热点。促进楼宇的智能化发展，政策支持是非常重要的。

在中国，国家大力支持楼宇智能化发展。国家发展和改革委员会等七部委提出了推动智能建筑发展的总体要求、发展目标和重点任务，要求各地区、各部门按照“绿色、节能、智能、信息化、安全”的原则，推动智能建筑在设计、施工、运营和管理等方面的全面发展。此外，国家还出台了一系列政策，都对楼宇智能化发展提供了政策支持。一些地方政府也出台了相关的政策，提出了推进智能建筑发展的具体措施和政策支持，包括加强政策引导、推动技术研发、加强标准体系建设等。

此外，银行和金融机构也积极参与楼宇智能化融资，提供融资渠道，为楼宇智能化发展提供资金保障。

2. 科技赋能楼宇创新应用发展

科技赋能楼宇创新应用发展是指通过各种科技手段，提高楼宇的效率、安全性、舒适度和环保性，促进楼宇创新应用的发展。在信息技术高速发展的时代，楼宇科技化已成为一种趋势，不断涌现出新的技术和应用。科技赋能楼宇创新应用的发展，是推动楼宇智能化、数字化和绿色化的重要手段之一。

首先，科技赋能楼宇创新应用的发展可以提高楼宇的使用效率。例如，通过物联网、云计算和大数据等技术手段，可以对楼宇的设施、设备和能源等进行实时监测和管理，提高设备的使用效率，降低能源的浪费，提高楼宇的使用效率。

其次，科技赋能楼宇创新应用的发展可以提高楼宇安全性。例如，通过视频监控、人脸识别和智能门禁等技术手段，可以实现楼宇的全天候监控和安全管理，有效预防各种安全事故的发生。

最后，科技赋能楼宇创新应用的发展，还可以提高楼宇的舒适度和环保性。例如，通过智能照明、智能空调和智能窗帘等技术手段，可以实现楼宇的智能控制，提高楼宇的舒适度和节能性。

（二）新技术要素驱动下的智慧楼宇建设

1. 楼宇细分市场和市场空间

随着新技术的不断涌现，智慧楼宇建设已成为全球各大城市发展的重要趋势之一。在这个趋势下，楼宇细分市场和市场空间也呈现出新的特征。

在楼宇细分市场方面，以往只有商业办公楼和住宅楼两种市场，而现在随着智能化、绿色环保等新技术的推广，出现了更多的细分市场。例如，智能医疗楼宇、智能酒店楼宇和智能物流仓储楼宇等，这些楼宇不仅要具备传统楼宇的基础设施，而且要具备专业的智能化设备和系统，以满足不同行业的需求。

在市场空间方面，随着城市的发展，楼宇空间也呈现出新的特征。例如，以往的楼宇主要建设在市中心地区，而现在，由于城市发展的不断推进和交通网络的完善，楼宇开始向城市的周边区域、乡镇和城乡接合部等地区延伸。这些区域的楼宇规模较小、建设成本较低，但也要求具备智能化设备和系统，以提高其竞争力和管理效率。

楼宇细分市场和市场空间呈现的新特征，为智慧楼宇建设提供了更多的发展机遇和挑战，也为楼宇行业的发展带来更多的可能性。

2. 满足楼宇三类客户的需求

随着新技术要素的不断推动，智慧楼宇建设已成为现代城市建设的重要方向之一。在楼宇智能化的过程中，需要充分满足不同类型客户的需求，特别是需要分析和满足楼宇三类客户的需求，这三类客户分别是居民、企业和机构。

首先是居民客户，他们通常更加注重居住环境的舒适性和便捷性。在楼宇智能化建设中，需要提供智能化家居设备和服务，如智能照明、智能门锁和智能空调等，这些设备能够提高生活的舒适度，也能够为居民提供更加便捷的服务。例如，通过智能门锁，居民可以实现远程开锁，避免出现忘带钥匙的尴尬；也可以通过智能家居系统，实现定时自动化控制，使生活更加便捷。

其次是企业客户，他们通常更加注重办公环境的安全性和高效性。在楼宇智能化建设中，需要提供智能化办公设备和服务，如智能门禁、智能监控和智慧楼宇管理系统等，这些设备能够提高办公环境的安全性和效率。例如，通过智能门禁，可以实现员工出入记录的自动化管理；通过智能监控，可以实现对办公场所的实时监控，保障办公场所的安全。

最后是机构客户，他们通常需要更加注重服务的细节和个性化。在楼宇智能化建设中，需要提供智能化服务和管理，如智能化医疗、智能化教育和智能化物业管理等，这些服务和管理能够为机构客户提供更加贴心和个性化的服务。例如，通过智能化医疗系统，可以实现医疗资源的有效分配和医疗服务的精细化管理；通过智能化教育系统，可以实现教育资源的有效整合和教育服务的个性化提供。

满足楼宇三类客户需求，是智慧楼宇建设中不可或缺的一部分，需要充分考虑客户的需求，通过技术手段和管理手段，提供更加便捷、安全和个性化

3. 楼宇产业链布局和市场竞争环境

智慧楼宇的产业链布局，包括硬件设备制造、系统集成、软件开发、数据中心和运营维护等环节。在这个产业链中，各环节都有重要的作用，必须协同合作，才能形成完整的产业链。硬件设备制造包括摄像头、门禁和报警器等安防设备，以及传感器、智能设备等智能化设备，是智慧楼宇建设的基础。系统集成负责将硬件设备集成到一起，形成智慧楼宇系统，包括智慧楼宇管理系统、智能安防监控系统和智能能耗管理系统等。软件开发负责开发各种应用软件，为智慧楼宇提供更加丰富的功能。数据中心负责收集、存储、处理和分析智慧楼宇产生的各种数据，为业主、运营商和相关企业提供数据支持。运营维护负责智慧楼宇系统的运营和维护，包括硬件设备的维护和保养、软件的升级和维护，以及数据的安全和备份等。

智慧楼宇市场竞争环境主要有以下几个方面：

第一，市场竞争非常激烈，各家厂商都在争夺市场份额，技术和产品的不断更新和升级，使得市场竞争更加激烈。

第二，用户需求越来越多样化，不同的业主对于智慧楼宇系统的需求也各不相同，因此厂商需要不断创新，推出更符合市场需求的产品

第三，政策环境的变化会对市场竞争产生影响，政策的支持和规范有助于产业链的健康发展，反之则会影响市场的稳定性。

第四，供应链管理和渠道布局也是影响市场竞争的重要因素，供应链的整合和渠道的拓展，可以帮助厂商更好地服务用户，提高市场竞争力。

（三）智慧楼宇发展趋势和运营商的角色

随着智能技术的快速发展和应用场景的不断拓展，智慧楼宇正在成为城市数字化转型的重要组成部分。

智慧楼宇的发展趋势，主要包括以下几个方面：

第一，大数据分析。随着物联网和传感器技术的不断发展，智慧楼宇可以获得更多的数据，并通过大数据分析，实现更加精准的预测和决策。

第二，人工智能。人工智能将进一步提高智慧楼宇的智能化水平，例如，通过机器学习，实现更加精准的能源管理、安防监控和客户服务等。

第三，5G 技术。5G 技术的应用，将提供更加高速、稳定的网络连接，为智慧楼宇的传感器、视频监控和移动设备等，提供更好的网络支持。

第四，生态共享。智慧楼宇的空间和资源将更加灵活地共享和利用，例如，共享办公、共享停车等。

在智慧楼宇产业链中，运营商扮演着重要的角色。作为智慧楼宇的综合服务提供商，运营商需要具备丰富的技术和服务经验，为楼宇提供包括设计、建设、运营和维护在内的全套服务。运营商还要与各类合作伙伴密切合作，如硬件供应商、软件开发商和云计算服务商等，共同构建智慧楼宇的生态系统。

在市场竞争环境中，智慧楼宇运营商要具备多方面的竞争优势，如技术创新、服务能力和品牌影响力等。同时，他们也需要不断了解市场的需求和趋势，积极拓展业务领域，实现可持续发展。

二、智慧楼宇建筑工程施工技术分析

智慧楼宇建筑工程是指利用现代先进的信息技术手段，将建筑物内部的环境、设备和设施进行智能化的集成、控制和管理。

智慧楼宇建筑工程施工技术主要包含以下几个方面：

第一，物联网技术。物联网技术是智慧楼宇的核心技术之一，通过传感器和控制器等设备，将各个系统集成，实现智能化控制和管理。在施工过程中，需要充分考虑设备的布置和联网方式，以实现最佳的物联网效果。

第二，建筑信息模型（BIM）技术。BIM 技术是一种基于 3D 模型的协同设计和施工技术，可以提高设计和施工效率，并减少错误和浪费。在智慧楼宇建筑工程中，BIM 技术可用于模拟建筑物的能源消耗和温度分布等方面，为设计和施工提供支持。

第三，可持续建筑技术。可持续建筑技术是指通过设计、建造和运营等各个环节，减少建筑物对环境的影响，提高建筑物的节能性、环保性和可持续性。在智慧楼宇建筑工程中，可持续建筑技术可与智能化技术相结合，实现更加高效的能源利用和环保效果。

第四，安全技术。在智慧楼宇建筑工程中，需要采用各种安全技术，包括消防和安防等方面的技术，以确保建筑物安全、稳定运行。在施工过程中，需要合理布置安全设备，并进行全面的安全评估和监控。智慧楼宇建筑工程施工技术需要充分考虑各种技术的应用和协同作用，以实现建筑物的智能化、高效化、节能环保和安全稳定运行

（一）智慧楼宇建筑工程施工技术应用要点

1. 建筑线路敷设

在智慧楼宇建筑工程施工中，建筑线路敷设是一个非常关键的环节。建筑线路是指电力、通信、网络和安防等系统的配线及管道线路，其布置合理与否直接关系到楼宇智能化系统的稳定性和可靠性。因此，在施工过程中，需要注意以下几个要点：

（1）合理规划线路布局。在设计线路布局时，需要充分考虑各种系统之间的关系和相互干扰，采取合理的敷设方式，避免线路交叉、重叠等问题，并尽量减少线路长度，以减小信号衰减。

（2）选用优质材料。在敷设线路时，需要选择质量优良的电缆、光缆等材料，以确保信号传输的质量和线路的耐用性。

（3）进行适当保护。在敷设过程中，需要根据线路特性和施工环境，采取适当的保护措施，如采用防水、防火、防腐等措施，保证线路的安全性和稳定性。

（4）进行测试和调试。在线路敷设完成后，需要进行测试和调试，确保各个系统之间的连接正常、信号传输稳定，并对线路的质量和可靠性进行检测和评估。

在智慧楼宇建筑工程施工中，合理规划线路布局、选用优质材料、进行适当保护、进行测试和调试是保证线路稳定性和可靠性的关键。只有在敷设过程中严格按照相关要求来操作，才能确保楼宇智能化系统的正常运行。

2. 电气设备安装

智慧楼宇建筑工程施工技术中的电气设备安装是一个重要环节。在施工过程中，需要根据不同类型的设备，选择合适的安装方式，确保其安全、可靠、稳定运行。

以下是一些电气设备安装的要点：

（1）配电柜。配电柜应安装在专门的配电室内，应确保通风、防潮、防尘。配电柜的安装位置应满足电气接线、设备检修和维护等要求。

（2）变压器。变压器应放置在专门的变电室内，应与其他设备保持一定的距离。在安装时，应注意接线正确、保护装置完好、冷却装置可靠等。

（3）照明设备。在安装照明设备时，应注意照度要求和光源颜色，照明设备的布置应均匀、合理。在安装过程中，应特别注意电路的接法、地线的连接，以确保安全。

（4）空调设备。安装空调设备，应考虑建筑物的结构和使用要求，如空调房布置、管道敷设等。同时，应注意空调设备的排水、通风和隔震等问题。

（5）电梯设备。安装电梯设备，应满足国家的安全标准和要求，还要考虑楼层高度、载重等因素。在安装过程中，应注意电梯井的防火、通风问题，以确保安全。

3. 建筑围护保温

智能楼宇建筑工程的保温问题，是施工过程中要重点考虑的问题。建筑围护保温技术应用的目的是提高智慧楼宇建筑的保温性能，保障建筑内用户的舒适度，并确保智能化系统的设备在不同温度环境下正常运行。

在智慧楼宇建筑施工中，建筑围护保温通常采用聚氨酯材料，聚氨酯具有施工便捷、污染较少、防火性能好、保温性能优异等特点，适用于建筑围护施工。建筑围护的结构厚度要根据具体的工程情况而定，一般为30 mm或35 mm。

4. 机电智能报警

机电智能报警是智慧楼宇建筑中非常重要的一个方面，可以有效保障建筑物内部设备的安全运行。

以下是一些机电智能报警应用的要点：

（1）报警设备的选择。根据不同的需要，要选择适当的报警设备，例如温度传感器、湿度传感器、气体传感器和烟雾探测器等。

（2）设备的安装位置。根据不同的需求和报警设备的类型，要在合适的位置进行安装，例如，在厨房安装烟雾探测器，在卫生间安装湿度传感器等。

（3）报警信号的传输。需要将报警信号及时传输到中央监控系统，以便于相关人员及时处理，可以采用有线或无线方式进行信号传输。

（4）报警信号的处理。当报警信号传输到中央监控系统后，需要及时处理报警信息，可以采用声光报警、短信通知等方式进行处理。

（5）设备的维护。定期对报警设备进行检查和维护，保障其正常运行，可以制订相应的维护计划，定期检查设备的电源、传感器和信号传输等。

5. 声频消防系统

在智慧楼宇建筑工程中，声频消防系统是保障建筑内部安全的重要组成部分之一，其作用是在火灾发生时能够及时发出报警声音，提醒人们迅速撤离，并将火灾情况及时通知给消防部门，加快火灾扑灭的速度，降低人员伤亡和财产损失。

安装声频消防系统，要有以下设备：

（1）主机设备。主机设备主要包括报警控制器、报警显示屏和声音放大器等。主机设备是整个系统的核心部分，负责控制声音的发出、控制报警装置的触发。

（2）火灾探测器。在火灾探测器方面，可安装光电式或热敏式火探测器，探测火灾信号并发送给主机设备，触发声音报警。

（3）扬声器。扬声器是将报警声音传递给建筑内部的设备，需要根据建筑的实际情况，合理布置和选择扬声器，使报警声音能够覆盖到整个建筑内。

声频消防系统的安装流程如下：

（1）确定主机设备的安装位置，一般应选择在易于管理的位置，例如安装在消防控制室或安保中心等。

（2）安装火灾探测器，根据建筑实际情况，选择合适的探测器类型和布局位置，例如可将其安装在走廊、楼梯和厨房等易发生火灾的区域。

（3）布置扬声器，可根据建筑的具体情况和设计要求，合理布置扬声器的位置，使其覆盖到整个建筑内。

（4）进行系统联通和调试，测试各个设备的功能是否正常，确保整个声频消防系统的运行稳定、可靠。

在安装声频消防系统时，要根据建筑的实际情况和设计要求，选择合适的设备，并严格按照施工流程进行安装和调试，确保系统能够有效提供报警保障，保障建筑内部人员和财产的安全。

6. 视频监控系统

在安装视频监控系统时，应按照以下流程进行：

（1）设计合理的布局。根据建筑物的具体情况，合理设置摄像头的位置和数量，保证对关键区域进行全方位监控，如出入口、走廊、电梯和重要设施区域。

（2）选用高品质设备。选择高清晰度、高性能的监控设备，以保证图像的清晰度和稳定性。同时，根据需要选择合适的摄像头类型，如固定摄像头、球形云台摄像头等。

（3）实施合理的安装。安装摄像头要符合标准和规范，避免出现死角或视角不足的情况。同时，要确保设备的稳定性，避免设备受到震动或者遭受人为损坏。

（4）选择适合的存储方案。视频监控系统会产生大量的数据，需要选择适合的存储方案，如云存储、硬盘录像机等，以保证数据的安全性和可靠性，避免数据丢失。

（5）配备专业的管理系统。应配备专业的监控管理系统，实现对摄像头和录像设备的远程管理和监控。同时，要建立专门的监控中心，进行 24 小时的监控和管理。

7. 网络通信系统

安装信息传输网络，负责展开对信号从端到端的传输，具体包括发送和接收两部分。智慧楼宇建筑工程施工技术中的网络通信系统是连接各个智能化设备的基础，它扮演着传输数据和信息的重要角色。

在施工过程中，要注意以下几个要点：

（1）网络规划和设计。施工团队要对整个建筑的网络规划和设计进行细致的计划，包括网络拓扑结构、线缆布线、设备分布和网络安全等方面。在设计过程中，应充分考虑建筑物的布局、楼层高度、工作区域和安全需求等因素，确保网络可以覆盖整个建筑，并保证数据传输的速度和稳定性。

（2）网络设备的选型和安装。网络设备的选型要考虑到设备的适应性和可靠性，及其与其他智能化设备的兼容性。在安装过程中，要按照设计方案对设备进行布线和安装，并要注意设备的防水、防尘等性能要求，还要避免与其他电气设备交叉布线，避免互相干扰、出现故障。

（3）网络测试和调试。在网络建设完毕之后，要对网络进行全面测试和调试，确保网络运行稳定和数据传输正常，包括测试网络速度、带宽和延迟，以及设备的兼容性和性能。同时，应该在网络上安装适当的安全软件和防火墙，以保证网络安全。

网络通信系统是智慧楼宇建筑工程施工技术中不可或缺的一环，它为整个智能化系统提供基础性的支持，需要施工团队在设计、选型、安装、测试和调试等方面进行科学规划和操作，以确保网络通信系统的顺利运行和建筑的智能化水平。

8. 门禁控制系统

在智慧楼宇建筑工程施工技术应用要点中包含门禁控制系统，其由门禁控制器、读卡器、电磁锁和门禁管理软件等组成，通过网络与其他智能化系统集成。门禁控制系统的主要作用是对进出人员进行身份识别、控制通行，保证楼宇的安全性和可控性，其关键应用要点如下：

（1）门禁控制器的安装。门禁控制器是门禁系统的核心设备，在安装时，要选择合适的位置，通常安装在门禁主控室内，还应注意门禁控制器与其他设备的连接和接线。

（2）读卡器的设置。读卡器用于读取门禁卡片信息，应根据实际需要，设置读卡器的数量和位置，通常设置在进出口和楼层电梯门口等位置，以保证进出人员的身份识别和通行。

（3）电磁锁的安装。电磁锁是门禁控制系统的关键部件之一，在安装时，要根据门的材质和大小，选择合适的电磁锁型号，还应注意电磁锁与门禁控制器的配合和接线。

（4）门禁管理软件的设置。门禁管理软件是门禁系统的重要组成部分，可实现对进出人员的身份识别和通行记录的管理与统计，应根据实际需要，设置门禁管理软件的功能和权限。

（5）网络集成和安全保护。门禁控制系统通常要与其他智能化系统集成，应注意做好网络安全保护措施，以防止遭受网络攻击和数据泄露等问题发生。

（二）智慧楼宇建筑工程施工技术保障措施

1. 科学控制技术影响因素

在智慧楼宇建筑工程施工技术中，科学控制技术是保障智慧楼宇智能化运行的重要因素。

科学控制技术的影响因素主要包括以下几点：

（1）设备的性能参数。智能化设备的性能参数对科学控制技术具有直接的影响，设备的响应速度、精度、灵敏度和输出功率等参数直接影响设备控制效果。

（2）传感器的质量和准确性。传感器是实现自动控制的重要组成部分，传感器的质量和准确性对科学控制技术的实现和运行起着至关重要的作用。

（3）控制算法的设计和优化。控制算法是科学控制技术的核心，控制算法的设计和优化直接影响系统的控制精度和响应速度。

（4）环境因素。智能化设备的运行环境对科学控制技术的实现和运行也有很大影响，例如，温度、湿度和电磁干扰等因素都会对智能化设备的运行产生影响。

（5）运行状态的监测和反馈。运行状态的监测和反馈是科学控制技术实现的重要手段，通过实时监测运行状态，并及时反馈信息，可以对系统进行调整和优化，提高控制的精度和效率。

要做到对智慧楼宇建筑工程施工技术进行科学控制，就要对设备的性能参数、传感器的质量和准确性、控制算法的设计和优化、环境因素，以及运行状态的监测和反馈等方面进行全面考虑。

2. 加强各个环节的细节管理

在智慧楼宇建筑工程施工技术中，要加强各个环节的细节管理，具体包括以下方面：

（1）严格执行规范和标准。施工人员应严格按照规范和标准进行操作，确保每个环节、每个细节都符合标准的要求。例如，在进行电气设备安装时，应按照国家标准和施工规范进行操作，确保电气设备的安装质量和安全性。

（2）建立健全的管理制度。应建立健全的管理制度，对每个环节进行规范化管理，从而保证施工质量和工程进度。例如，健全施工计划、工序流程图、质量检验标准等，确保施工过程的可控性和可管理性。

（3）加强质量控制。在每个环节中，都应加强质量控制，对每个施工细节进行严格检查和监督，及时发现并改正存在的问题，确保施工质量。例如，在进行门禁控制系统安装时，应加强对门禁控制器和读卡器等设备的质量检查，确保设备的正常运行。

（4）引进先进技术。应积极引进先进的施工技术和工艺，提高施工效率和质量。例如，在视频监控系统的建设中，采用先进的数字视频技术，实现视频信号的数字化和网络化，提高监控系统的使用效率和监控效果。

3. 加大工程施工的检验力度

（1）实施全过程质量控制。在施工的每个环节中，都要进行质量控制，确保施工过程不出现质量问题。对于各项施工指标，都要有相应的检验措施，并建立质量档案，记录施工过程的各项数据。

（2）建立质量监控系统。可以利用先进的技术手段，如传感器、监控摄像头等，在施工现场进行实时监测，及时发现问题，确保施工质量和安全。

（3）加强人员培训。施工工人要掌握相关的工程知识和操作技能，以确保施工质量。同时，相关管理人员也要参加培训，学习质量管理知识和相关的法律法规。

（4）进行抽样检验。在施工过程中，可以随机抽取一定数量的样品进行检测，以确保施工质量符合要求，如对材料、构件、设备等进行抽样检测，以确保其符合相关标准和规定。

（5）建立反馈机制。对于发现的质量问题，要及时进行整改，并建立问题反馈机制，记录问题出现的原因和处理方法，以便提高施工过程中的质量管理水平。

三、系统集成技术的运用

系统集成技术是智慧楼宇建设不可缺少的关键技术，是实现智慧楼宇智能化、自动化功能的关键。

（一）系统集成概念

系统集成是将各种不同的、独立的组成部分组合成为一个整体，以满足特定的功能和需求的过程。在系统集成中，这些组件可以是硬件、软件，也可以是这两者的结合体。这些组件被有机地整合在一起，以实现特定的功能，而整个系统也被设计为与其他系统和环境交互的系统。系统集成在不同的领域中都有广泛的应用，如信息技术、电信、机械、电子和航空航天等。在集成过程中，要进行需求分析、系统设计、系统开发、测试和维护等一系列活动，以确保整个系统的稳定性和可靠性。

（二）智慧楼宇信息化建设中的系统集成技术

1. 面向平台的集成技术

智慧楼宇信息化建设中的系统集成技术是将各种信息技术、设备、系统和平台等进行有机融合，形成一个高效、智能、便捷、可靠的信息系统。面向平台的集成技术是其中的一种技术手段，它通过建立平台，来统一管理各种不同的系统、设备和数据，使它们之间实现无缝衔接，提高信息交流和管理的效率。

面向平台的集成技术主要包括以下几个方面：

（1）平台建设。建立一个基于网络的统一平台，提供数据存储、处理、分析和传输等基础服务，为其他系统和设备提供支持。

（2）系统接口。为各种不同的系统和设备提供标准化的接口，使它们能够互相通信、协同工作，从而实现信息共享、资源共享。

（3）数据整合。将来自不同系统、设备和传感器的数据进行整合、清洗、转换和处理，形成一套完整的数据体系，为用户提供全面、准确的信息支持。

（4）系统优化。通过对各个系统和设备的数据进行分析和挖掘，及时发现并解决问题，优化系统运行效率，提高整体性能。

2. 面向协议的集成技术

当前，系统通信协议呈现开放性和通用性等特点。在智慧楼宇信息化建设中，LonWorks标准、BACnet标准等多种协议并存。集成技术要求利用网关实现多种通信协议间的良性转换，其中，系统主界面是指主通信协议，不同子系统之间的通信协议也不同。

在智慧楼宇信息化建设中，面向协议的集成技术指的是通过各种协议将不同厂家、不同系统之间的数据进行交互和传输，从而实现系统之间的集成。这些协议可以是标准的行业协议，也可以是私有协议。

面向协议的集成技术可以使不同系统之间的信息实现互通，包括安全管理系统、楼宇自动化控制系统、能源管理系统和智能照明系统等。通过建立协议之间的桥梁，实现数据的传输和转换，将各个子系统的信息整合在一起，提高智能化系统的整体运行效率和管理水平。

例如，在智慧楼宇中，可能会存在多个品牌的空调系统，这些系统之间的控制和监测信息需要实现互通，以实现整体的节能和控制效果。通过面向协议的集成技术，可以采用BACnet协议对空调系统进行集成，实现不同品牌空调之间的互通和控制，提高系统的整体性能和效率。

3. 面向Web的集成技术

面向Web的集成技术是指依据Web Service实现的系统集成技术，Web Service是解决程序间通信冲突的重要技术，不依赖于语言和平台，便可以实现不同语言间的相互调用，进而实现跨平台信息集成。

（三）系统集成技术在智慧楼宇信息化建设中的具体应用

1. BAS

系统集成技术在智慧楼宇信息化建设中发挥了重要作用，尤其是在BAS方面。BAS是智慧楼宇信息化建设的核心部分，可以对建筑物的能源管理、环境控制和安全保障等方面进行有效监控和管理。

系统集成技术在BAS中的应用，主要在以下几个方面：

（1）系统架构设计。通过系统集成技术，可以将各种子系统进行集成和组合，形成一个完整的BAS。在系统架构设计阶段，要对不同子系统的接口进行分析和设计，确保系统之间可以互相通信、交换数据，并进行协同工作。

（2）通信协议集成。在BAS中，不同的设备和系统往往使用不同的通信协议。通过系统集成技术，可以将这些协议进行集成，实现不同系统之间的数据交换和互联互通。

（3）数据采集和处理。BAS要对建筑物内外的环境和设备进行实时监测和数据采集。系统集成技术可以集成各种传感器和监测设备，并对采集到的数据进行处理、分析和传输，为BAS提供有力的数据支持。

（4）视频监控集成。在智慧楼宇信息化建设中，视频监控系统是不可或缺的一部分。通过系统集成技术，可以将视频监控系统和BAS进行集成，实现视频监控数据和楼宇自动控制数据的双向传输和交换，从而更加全面地监控和管理建筑物内外的情况。

系统集成技术在智慧楼宇信息化建设中的应用非常广泛，可以帮助BAS实现各种功能，提高管理效率，降低能耗，增强安全保障能力，为人们提供更加舒适、智能、高效的居住和工作环境。

2. 安防系统

系统集成技术在智慧楼宇信息化建设中的重要应用领域是安防系统。安防系统主要包括视频监控、门禁控制、入侵报警和烟雾报警等功能，通过系统集成技术实现各个子系统之间的协同工作，提高系统的整体性能和可靠性。

在智慧楼宇信息化建设中，安防系统的集成主要包括以下方面：

（1）系统集成架构设计。在安防系统集成之前，需要进行系统架构设计，明确各个子系统之间的关系和通信协议。架构设计要考虑系统的可扩展性和可维护性，以便在系统升级和维护时能够更加便捷地进行。

（2）数据接口集成。不同的安防子系统，通常使用不同的数据格式和通信协议，通过数据接口集成技术，可以将不同格式和协议的数据进行转换和整合，实现数据在各个子系统之间的无缝传递。

（3）统一管理平台集成。通过系统集成技术，可以将视频监控、门禁控制和入侵报警等多个子系统的管理平台，集成到一个统一的管理平台上，提高系统的整体管理效率和可操作性。

（4）视频分析算法集成。通过集成视频分析算法，可以实现视频监控系统的智能化处理和数据分析。例如，可以通过视频分析算法，实现车牌识别和人脸识别等功能，提高监控系统的安全性和智能化程度。

（5）移动应用集成。通过集成移动应用程序，可以实现用户对安防系统的远程监控和控制，提高系统的灵活性和可访问性。例如，用户可以通过手机应用程序，实时查看视频监控画面、控制门禁等。

3. 火灾自动报警系统

系统集成技术在智慧楼宇信息化建设中对火灾自动报警系统的应用，主要体现在以下几个方面：

（1）传感器集成。火灾自动报警系统需要传感器来检测火灾的存在，系统集成技术可以将各种类型的传感器集成到同一个系统中，方便管理和维护，例如，烟雾探测器、温度传感器、光电探测器等。

（2）数据采集集成。系统集成技术可以将火灾自动报警系统所采集到的数据集成到一个中心系统中，进行处理和分析，例如，数据采集器、信号转换器等。

（3）通信集成。火灾自动报警系统需要与其他系统进行通信，如安防系统、建筑自控系统等，系统集成技术可以将这些系统集成到同一个通信平台中，方便数据共享和管理，例如，通信网关、协议转换器等。

（4）远程监控集成。系统集成技术可以将火灾自动报警系统集成到远程监控系统中，实现对火灾自动报警系统的远程监控和管理，例如，远程监控终端、网络摄像头等。

4. 能耗管理系统

系统集成技术在智慧楼宇信息化建设中的一个重要应用领域是能耗管理系统。能耗管理系统是为了实现对建筑物能源的全面监测、分析和控制而开发的系统，其目的是优化能源使用，减少能源浪费，从而提高能源利用效率、降低能源消耗成本。

在智慧楼宇信息化建设中，能耗管理系统通过整合各种设备和系统（如空调、照明、电梯和暖通等）的能源数据，利用数据采集、处理、分析和展示等技术手段，实现对建筑物能源的全面监测、分析和控制。

具体来说，能耗管理系统通常包括以下模块：

（1）数据采集。通过安装传感器、电表和仪表等设备，对建筑物各个系统的能耗数据进行实时采集，并将采集到的数据上传至能耗管理系统。

（2）数据处理与分析。能耗管理系统会对采集到的能耗数据进行处理、分析和统计，并生成各种能源报表和分析图表，如能耗分析报告、能耗对比分析报告等。

（3）能源控制与优化。通过控制建筑物各个系统的运行，实现能源的有效利用，从而降低能源消耗，例如，在非工作时间自动关闭照明和空调系统，调整温度和湿度等。

（4）报警管理。能耗管理系统还可以对能源消耗异常进行预警和报警，例如，在某个系统的能耗明显超标时，系统会自动发送报警信息给维护人员，以便及时采取措施。

四、楼宇智能化技术的运用

楼宇对智能化技术的运用，主要体现在以下几个方面：

1. 智能建筑管理

利用传感器、智能设备和互联网等技术，实现对建筑物内外环境的实时监测、控制和调节，提高建筑的舒适度和能源利用效率。

2. 智能安防系统

该系统包括视频监控、入侵检测和门禁管理等，可以实时监控和管理楼宇内的安全情况，提高安全保障水平。

3. 智能能源管理

通过智能化监测和管理能源使用，实现能源的节约和合理利用，提高能源利用效率。

4. 智能停车系统

通过智能设备和互联网技术，实现车位预订、车辆管理、停车费用计算等功能，提高停车管理的效率和便利性。

5. 智能物业管理

智能物业管理包括公共区域管理、维修管理和服务管理等，可以提高物业服务的质量和效率，提高用户的满意度。

（一）楼宇智能化技术的相关界定

楼宇智能化技术是一种通过信息技术手段，将建筑物内的各种设备、设施、系统及人员进行集成与管理的技术，旨在提高楼宇的管理效率和智能化程度，并实现对能源、资源的节约和优化利用。这些技术包括但不限于自动化控制、远程监控、数据处理与分析、通信技术和安全技术等方面的技术。通过楼宇智能化技术的应用，可以实现楼宇的高效运行和管理，提高楼宇的能源利用效率和环境保护水平，提高用户的使用舒适度。

1. 智能化

基于信息系统、物联网、互联网等实现的智能化体系，可通过主系统集控功能，实现对不同设施的操控，并在主系统的应用下，进一步实现基于智能平台的人性化服务，提高人们的生活品质。

2. 多元化特征

虽然楼宇智能化技术是近几年在我国兴起的，技术体系与楼宇建筑体系在相互磨合时，受到先进技术、工艺、设备的支撑，各项功能已趋于完善，当不同设施呈现出不同功能时，多元化操控特点的实现，就为楼宇建筑打上了标签，为人们提供多元化的服务。

3. 安全性特征

楼宇智能化技术的实现，是通过软件与硬件的结合，实现对整个操控系统的智能控制，在楼宇初步建设时，则是需要通过对实际使用性能、设施功能等进行全局规划，此时，相对应的管控系统则是在对应功能下，实现基于可靠性与安全性相整合的一个完整性系统，且系统在运行过程中具有较高的抗干扰属性，可增强实际运行质量。

（二）楼宇智能化技术在智慧楼宇建筑中的运用

1. 在楼宇安保系统中的运用

楼宇安保系统是指在保障楼宇安全的前提下，利用现代信息技术手段，来管理和控制楼宇内的人员进出、车辆进出、物品进出等方面的系统。在楼宇智能化建设中，安保系统是一个非常重要的应用领域。

（1）在防盗系统方面。楼宇安保系统中的防盗系统是指利用先进的技术手段，对楼宇内部的各个区域、通道等进行全面监控和保护，有效预防和打击各种盗窃行为，具体运用包括以下几个方面：

①视频监控系统。通过安装摄像头对楼宇内部的各个区域进行监控，及时发现异常情况，并将监控画面传输到监控室，以方便安保人员及时处理。

②门禁系统。通过门禁卡或人脸识别等技术手段，对进出楼宇的人员进行识别和管理，有效控制人员进出，防止非法闯入。

③报警系统。通过设置门磁、红外探测器等设备，及时发现入侵者，并向安保人员发出警报，以便及时处理。

④安保巡检系统。通过巡检设备，对楼宇内部区域进行巡查，确保及时发现和处理安全隐患。这些技术手段的运用，可以有效提高楼宇的安全性能。

（2）在门禁系统方面。楼宇安保系统中的门禁系统是非常重要的一部分，其作用是控制人员进出楼宇，实现对楼宇的安全管控。门禁系统的运用，可以通过以下方式实现楼宇的安全防护：

①对人员身份进行认证。门禁系统可以识别和验证人员的身份信息，以防止未授权的人员进入楼宇，从而保证楼宇内部的安全。

②对进出楼宇的记录进行监控。门禁系统可以记录人员进出楼宇的时间、地点等信息，对进出楼宇的人员进行实时监控，以便及时发现异常情况。

③对楼宇内部进行分区管理。门禁系统可以对楼宇内部进行分区管理，对不同区域进出的人员进行不同的权限控制，从而有效防止未授权人员进入重要区域。

④对门禁系统进行远程监控和控制。门禁系统可与其他安保系统（如监控系统、报警系统等）进行集成，实现对门禁系统的远程监控和控制，以提高楼宇的安全性。

（3）在监控系统方面。楼宇智能化技术支撑下的监控系统可全过程作用于安保功能之上，通过在楼宇外部、电梯、楼道等安装监控设备，可实现全过程监控，提高管理工作的实效性。

2. 在楼宇消防系统中的运用

楼宇消防系统在建筑物的消防安全中起着非常重要的作用，通过智能化技术的运用，可以提高消防系统的响应速度和准确性，从而更好地保障人员和财产安全。在楼宇消防系统中，智能化技术的运用，主要体现在以下几个方面：

（1）火灾自动报警系统。通过传感器、探测器等设备，实时监测建筑内部的火情和烟雾等情况，一旦发现异常情况，立即向消防控制中心发送信号，自动触发火灾警报，并通知消防人员进行救援。

（2）消防联动控制系统。该系统可与楼宇内的其他安保设备联动，如自动关闭门窗、启动排烟系统等，从而控制火情的蔓延，最大限度地减少人员伤亡和财产损失。

（3）消防视频监控系统。通过安装监控摄像头、红外线传感器等设备，实现对建筑内部的消防监控。一旦发生火灾，可以通过视频监控系统迅速定位火灾点，及时调度消防队员进行灭火。

（4）智能疏散指引系统。通过在楼宇内设置疏散指引标志和紧急照明设备，及时引导人员疏散，并防止人员在逃生过程中产生恐慌。

3. 在 BAS 自动化平台中的运用

BAS 自动化平台是楼宇自动化系统的核心，它可以集成多种子系统，如暖通空调、照明、插座控制和安防等，实现楼宇设备的集中监控、控制和管理。具体来说，BAS 自动化平台可以通过传感器、控制器和执行器等设备，获取楼宇各个子系统的实时数据，并将数据通过网络传输到中央处理器，进行分析和处理。在分析和处理完成后，中央处理器可以向各个子系统下达控制命令，以实现设备的自动调节和控制。

通过 BAS 自动化平台，楼宇管理员可以实现对楼宇设备的全面掌控，以最大限度地提高楼宇设备的效率、降低能耗。同时，BAS 自动化平台也可以通过报警功能，实现对楼宇设备的监测和预警，保障楼宇的安全。

4. 在声频系统中的运用

楼宇智能化技术在声频系统中的运用，主要是指智能化的声音传输和控制技术，通常涉及语音播报、对讲、音频会议和背景音乐等功能。

语音播报是智慧楼宇中常见的一种功能，它可以通过安装在建筑内的扬声器系统，将相关信息以语音的形式进行播报。这些信息可以包括紧急情况下的警报声，如火灾警报、疏散警报等，也可以包括日常的公共广播，如天气预报、节假日问候等。

对讲系统可以在楼宇内不同区域之间进行双向通信，如楼宇内的前台服务人员与用户之间、物业管理人员与保安人员之间。这些系统通常包括对讲设备、话筒和扬声器等组成部分。

音频会议系统可以提供高质量的音频会议，让与会者无论身处何处，都可以方便地参加会议。这些系统通常包括麦克风、扬声器和混音器等组成部分。

背景音乐系统可以为楼宇内的公共区域提供音乐播放，如大堂、电梯间和休息区等，营造愉悦、轻松的氛围。

这些声频系统都可以通过智能化的技术进行集成，实现更加便捷、高效、安全的使用体验。

5. 在空调监控系统中的运用

楼宇智能化技术在空调监控系统中的运用，主要体现在BAS自动化平台上。BAS自动化平台可以集成各种传感器和执行器，实现对空调设备的监控和控制。通过传感器获取空调设备的温度、湿度和压力等参数数据，再通过自动化平台进行分析和处理，从而实现对空调设备的实时监控和智能控制，包括空调设备的运行状态、节能优化等控制。

此外，自动化平台还能够集成各种设备和系统，如能耗监测系统、门禁系统等，实现智能化联动控制。

6. 在变配电监控系统中的运用

楼宇智能化技术在变配电监控系统中的运用，主要包括以下几个方面：

（1）实时监测电力参数。通过安装智能电表、智能断路器和传感器等设备，对楼宇的用电情况进行实时监测，了解用电负荷、电压、电流和功率等电力参数，及时发现异常情况并进行处理。

（2）远程控制开关。在BAS自动化平台上设置相关程序，通过网络远程控制开关，实现对配电箱、配电室等设备进行远程开关控制。

（3）智能预警。通过对配电系统进行监测和分析，识别配电系统中的异常情况，并及时发出预警信息，保障楼宇电力安全。

（4）数据采集与分析。通过对配电系统数据的采集和分析，优化楼宇用电方案，降低楼宇用电成本，提高用电效率。

（5）节能管理。通过对楼宇变配电监控系统的实时监测和数据分析，结合楼宇能耗管理系统，实现对楼宇用电的优化控制，降低楼宇用电成本，减少能源浪费，达到节能减排的目的。

五、物联网技术的应用

由于物联网能够采集楼宇中所有物体的各种信息，然后将物与物或者物与人通过网络连接起来，因此在楼宇智能系统中的应用前景十分广阔。

（一）物联网和楼宇智能系统概述

1. 物联网

物联网是指通过互联网技术，将各种物品连接起来，使之能够相互通信和交互，实现信息化和智能化的新型网络。物联网中的物，可以是智能家电、智能穿戴设备、传感器、机器人和车辆等任何能够感知、收集和传输数据的物品。这些物品可以通过互联网和云计算技术进行连接和数据交换，形成一个具有智能化、自动化、高效性和便捷性的系统。物联网在智能家居、智能交通、智能城市和智能医疗等领域，都有广泛的应用。

2. 楼宇智能系统

楼宇智能系统是一种基于先进的信息技术，通过物联网、传感器和控制器等设备，将楼宇内各个子系统进行集成控制，实现对楼宇设施、能耗和环境等信息的感知、收集、分析和应用，从而实现楼宇的智能化管理和优化运营。该系统可以涵盖楼宇内的多个领域，如能源管理、安全管理、智能化设备控制、楼宇自动化和环境监测等。楼宇智能系统的应用，可以提高楼宇的使用效率和节能减排水平，也可以提高楼宇的舒适度和安全性。

（二）基于物联网技术的楼宇智能系统的设计

基于物联网技术的楼宇智能系统的设计，可以分为以下几个步骤：

1. 系统需求分析

首先要明确楼宇智能系统的具体功能和需求，包括智能化的楼宇安保、能源管理、环境控制和设备监测等。

2. 系统设计

根据楼宇智能系统的需求，设计出相应的物联网架构和系统模块，包括传感器节点、数据采集和传输模块、数据处理和分析模块，以及控制模块等。

3. 系统集成

将各个模块进行集成和优化，确保系统的稳定性、可靠性和安全性。

4. 系统测试

进行系统测试，包括功能测试、性能测试和兼容性测试等，确保系统的正确性和稳定性。

5. 系统部署

根据实际情况，进行系统部署和调试，包括硬件设备安装和配置、软件程序安装和设置、数据管理和维护等。

6. 系统运维

对系统进行日常运维和维护，包括数据监控和分析、故障排除和维修、数据备份和恢复等。

（三）基于物联网技术的楼宇智能系统的实现

1. 智能消防

基于物联网技术的智能消防系统，可以通过连接多种传感器和设备来实现，这些设备可以实时监测火灾风险，自动触发报警系统并控制火灾。以下是实现智能消防系统的一些要点：

（1）消防传感器。将温度、烟雾、气体等传感器安装在楼宇内的关键位置，以便实时监测火灾风险，并在火灾发生时触发报警。

（2）智能控制系统。该系统通过物联网技术，连接传感器和控制设备，实现智能控制系统，可以控制电梯、门锁、照明等设备，以便进行人员疏散和火灾扑救。

（3）数据分析与管理。通过对消防系统数据的实时监测和分析，可以识别火灾发生的可能性，并提供实时的警报和信息，以协助应急管理人员进行快速反应。

（4）自动灭火系统。在消防传感器触发警报后，自动灭火系统可以通过物联网技术，控制灭火器的喷射，以快速控制火灾的蔓延。

（5）远程监控与控制。通过物联网技术，可以远程监控消防系统，包括实时监测传感器、控制灭火器和调节楼宇环境等，实现对其进行远程智能控制和管理。

（6）防止误报。智能消防系统应避免误报，因此需要确保系统的稳定性和准确性，例如，对传感器进行定期维护和校准，以确保系统可以准确地检测火灾风险。

2. 自动抄表

由于物联网将楼宇中所有居民的电表、煤气表、水表都接入到互联网中，因此用户只要通过互联网，就可以轻易获取用户消费的相关数据，而不需要采用传统的方法，由工作人员挨家挨户上门查表，这大大提高了工作效率和数据的准确性。

3. 节能管理

（1）传感器部署。在建筑物内部和外部部署各种传感器，如温度、湿度、光照等传感器，以收集环境数据。

（2）数据采集。将传感器收集到的数据上传到云端或服务器，进行实时数据采集和存储。

（3）数据分析。对采集到的数据进行分析，使用机器学习和数据挖掘技术，来发现建筑能耗的模式和趋势，例如，通过对历史数据分析，来预测未来的能耗情况。

（4）能耗控制。根据数据分析的结果，调整楼宇内的设备和系统，如自动控制照明、空调等设备，以实现能耗的控制和优化。

（5）监控报警。通过物联网连接的设备进行监控，一旦出现异常情况，如设备过载、温度过高等，系统会自动发出警报，提醒管理人员进行处理。

4. 设备运行维护与管理

通过对楼宇设备的实时监测、数据分析和预测维护，提高设备运行效率和维护管理效率，其实现过程如下：

（1）将设备接入物联网。将楼宇设备与物联网相连接，通过传感器和数据采集器，实现设备数据的实时获取和传输。

（2）进行数据分析和处理。将设备数据通过云计算、大数据等技术，进行处理和分析，生成实时的设备运行状态和运维信息。

（3）实现故障预测与预警。通过数据分析和机器学习等技术，对设备运行状态进行分析和预测，实现故障预测和预警。

（4）智能化运维。在设备出现故障或需要维护时，系统自动发出预警信息，并生成维修计划，实现设备的自动化维护。

（5）管理与优化。通过对设备的运行状态和维护管理数据进行统计和分析，实现设备运行效率和管理效率的优化。

第四章 智慧楼宇管理系统概述

第一节 智慧楼宇管理的基本概念和原则

一、智慧楼宇管理的基本概念

智慧楼宇管理是指通过智能化、自动化和数字化等技术手段，对楼宇设施和资源进行全面的信息化和数字化管理，以提高楼宇的效率、舒适度、安全性和可持续性。智慧楼宇管理的基本概念包括以下几个方面：

（一）智能化

智慧楼宇管理的核心是智能化，即通过传感器、网络、人工智能等技术手段，实现楼宇设施的智能化监测、控制和管理。通过智能化，可以实现楼宇设施的自动化控制、自适应调节和智能化管理，提高管理效率和设施的利用效率，同时也提高了楼宇的舒适度和可持续性。

在智慧楼宇中，通过安装传感器和监测设备，可以实现对楼宇设施和资源的实时监测和数据采集，从而获得楼宇设施和资源的运行状态和使用情况，为管理和调控提供数据支持。

同时，智慧楼宇还可以通过网络连接各种设备和系统，实现设备之间的信息共享和协同工作，从而提高楼宇设施的管理效率和自适应性。例如，在楼宇中安装智能化的照明系统，可以根据光纤传感器的反馈，自动调节灯光亮度和颜色，满足不同环境下的光照需求；在楼宇中安装智能化的空调系统，可以根据温度和湿度传感器的反馈，自动调节温度和湿度，提高室内的舒适度。

此外，在智慧楼宇中，通过人工智能等技术手段，可以实现对楼宇设施和资源的智能化管理和维护。例如，通过数据分析和挖掘技术，可以预测设备的故障和维护需求，提前进行维护和修理，避免设备故障对楼宇正常运营的影响；通过人脸识别和智能门禁系统，可以实现对楼宇进出人员和车辆的智能化管理和监测，提高楼宇的安全性。

（二）自动化

智慧楼宇管理中的自动化是指通过自动化技术，实现楼宇设施的自动化控制和自适应调节。例如，通过智能化的温控系统，可以实现对楼宇内部温度的自动控制和调节，使得楼宇内部的温度始终保持在一个舒适的范围内。通过自动化，可以降低人工干预的频率，提高设施的利用效率和管理效率，也提高了楼宇的舒适度和可持续性。智慧楼宇管理中的自动化包括以下几个系统：

1. 自动化控制系统

在智慧楼宇中，通过自动化控制系统，实现对楼宇设施的自动化控制和调节，包括照明、空调、通风和电梯等设施，通过自动化控制系统，可以根据不同的环境变化和需求，自动调节设施的运行状态，实现设施的自动化管理和自适应调节，从而提高设施的利用效率和管理效率。

2. 自动化监测系统

在智慧楼宇中，通过传感器和监测设备等，实现对楼宇内部和外部环境的自动化监测和数据采集。例如，通过温度、湿度和光线等传感器，实时监测楼宇内部环境的变化，及时调节空调、照明等设施，提高楼宇的舒适度。通过自动化监测系统，可以实现对楼宇设施的精准管理和调控。

3. 自动化故障诊断系统

在智慧楼宇中，通过自动化故障诊断系统，可以实现对设施故障的自动诊断和排除。例如，通过自动化故障诊断系统，可以实时监测设施的运行状态，及时发现故障，并给出相应的解决方案，提高设施的可靠性和可用性，同时降低维护成本和人工干预频率。

4. 自动化节能系统

在智慧楼宇中，通过自动化节能系统，实现对楼宇设施能源的自动化管理和调控。例如，通过自动化节能系统，可以对楼宇内部的能源消耗进行实时监测和分析，根据不同的时段和需求，自动调节设施的运行状态，实现能源的高效利用和节约。通过自动化节能系统，可以降低楼宇的能源消耗，提高楼宇的可持续性，同时降低管理成本。

（三）数字化

智慧楼宇管理中的数字化是指将楼宇设施的运行状态、维护记录和设备清单等信息进行数字化记录和管理。通过数字化的手段，可以实现对设备管理的精细化和精确化，提高设备的运行效率和管理效率，降低设备的维修成本和运营成本。同时，数字化也可以提高楼宇设施的可靠性和可持续性，并减少其对环境的影响。

1. 数字化的意义

数字化的意义，主要体现在以下三个方面：

（1）提高管理效率和准确性。数字化可以将楼宇设施的运行状态、维护记录、设备清单等信息进行数字化的记录和管理，通过数字化的手段，可以实现对设备管理的精细化和精确化，提高设备的运行效率和管理效率，降低设备的维修成本和运营成本。

（2）提高设施的可靠性和可持续性。通过数字化的手段，可以实时监测楼宇设施的运行状况，及时发现设施的故障和隐患，并进行及时处理，这样，可以大大提高设施的可靠性和可持续性，减少设施的故障率和停机时间，提高设施的运行效率。

（3）降低对环境的影响。通过数字化手段，可以对楼宇设施的能源消耗、水资源消耗、废气排放等信息进行记录和管理，通过对这些信息进行分析，可以发现其中存在的问题并及时解决，这样，可以减少其对环境的影响，提高楼宇的环保性。

2. 数字化的基本原理

数字化的基本原理，主要包括以下几个方面：

（1）数据采集。数据采集是数字化的第一步，主要包括传感器、监测设备、网络等手段，通过这些手段，可以实现对楼宇设施的运行状态、维护记录和设备清单等信息的采集。

（2）数据处理。数据处理是数字化的核心，主要包括对采集到的数据进行处理和分析，以提取有用的信息。数据处理的手段包括数据挖掘和数据分析等技术。

（3）数据存储。数据存储是数字化的重要环节，主要包括对处理后的数据进行存储和管理。数据存储的手段包括数据库和云存储等技术。

（4）数据展示。数据展示是数字化的最终目的，主要是将处理后的数据以可视化的形式呈现出来，帮助人们更好地理解和利用数据。数据展示的手段包括报表、图表和可视化分析工具等。

3. 数字化在智慧楼宇管理中的应用

数字化在智慧楼宇管理中应用广泛，包括以下几个方面：

（1）设备管理。通过数字化技术，可以将楼宇设备的运行状态、维护记录、设备清单等信息进行记录和管理，实现对设备进行精细化和精确化的管理。

（2）能源管理。通过数字化技术，可以对楼宇能源消耗进行实时监测和分析，提高能源的利用效率和管理效率，降低能源消耗成本。

（3）环境监测。通过数字化技术，可以对楼宇内部的环境进行实时监测和分析，例如对温度、湿度、和空气质量等参数进行监测，实现对楼宇环境的自动化调节和控制。

（4）安全监控。通过数字化技术，可以实现对楼宇安全监控的数字化记录和管理。

（5）数据化服务。通过数字化技术，可以为用户提供数据化的服务，例如，通过数据分析和挖掘技术，了解用户的需求和偏好，为用户提供更加精准的服务。

4. 数字化在智慧楼宇管理中的优势

数字化在智慧楼宇管理中具有以下优势：

（1）提高管理效率。通过数字化技术，可以实现对楼宇设施和资源的精准管理和调控，提高管理效率和设施的利用效率，降低运营成本和维修成本。

（2）提高舒适度和可持续性。通过数字化技术，可以实现楼宇设施的自动化控制、自适应调节和智能化管理，提高楼宇的舒适度和可持续性。

（3）提供数据支持。通过数字化技术，可以为楼宇管理者提供实时的数据支持，帮助其更好地了解楼宇设施的运行状态和资源利用情况，为楼宇的管理和决策提供数据支持。

（4）提高用户体验和满意度。通过数字化技术，可以为用户提供更加舒适、便捷、个性化的服务，提高用户体验的满意度，增强用户的忠诚度和品牌的美誉度。

（5）提高安全性和保障性。通过数字化技术，可以实现全方位的安全监控和预警机制，保障人员和财产的安全，提高楼宇的安全性。

（6）提高可扩展性和灵活性。通过数字化技术，可以实现对楼宇设施的灵活调整和扩展，随着楼宇的不断发展和需求的变化，数字化技术可以为楼宇管理者提供更大的灵活性和可扩展性。

总之，数字化是智慧楼宇管理的重要手段和核心技术，它可以为楼宇管理者提供实时的数据支持、精细化的设备管理和调控、优质的服务和安全保障，提高管理效率和楼宇品质，实现可持续发展。

（四）数据化

智慧楼宇管理中的数据化是指通过数据分析和挖掘技术，对楼宇设施和资源进行数据化记录和管理。通过数据化，可以实现对楼宇设施和资源的精准管理和调控，提高设施的利用效率和资源的利用率，从而降低楼宇的运营成本和能耗，提高楼宇管理的效率和可持续性。

1. 数据采集

数据采集是数据化管理的第一步，主要通过各种传感器、监测设备和计量仪表等，实现对楼宇内部和外部数据的采集。通过数据采集，可以获取楼宇设施和资源的实时运行数据和使用情况，为后续的数据分析和挖掘提供基础的数据信息。

2. 数据存储和管理

数据存储和管理是数据化管理的重要环节。在智慧楼宇中，要建立一个完善的数据存储和管理系统，将采集到的数据按照不同的类别和层次进行分类和存储。同时，还要对数据进行备份和安全保护，确保数据的安全性和完整性。

3. 数据分析和挖掘

数据分析和挖掘是数据化管理的核心环节。通过数据分析和挖掘技术，可以对楼宇设施和资源进行深入的分析和挖掘，了解设施的运行状态和资源的利用情况，发现问题和优化空间，从而实现对楼宇设施和资源进行精准的管理与调控。

4. 数据可视化

数据可视化是数据化管理的重要手段。通过数据可视化技术，可以将复杂的数据信息转化为直观、易于理解的图形和图表，帮助楼宇管理者和用户更加直观地了解楼宇设施和资源的状态和使用情况，快速发现问题，并采取相应的措施。

5. 数据共享与交换

数据共享与交换是数据化管理的重要保障。在智慧楼宇管理中，要实现不同设备和系统的数据共享和交换，以便实现设备之间的协同工作和信息共享。同时，还要确保数据共享和交换的安全性和可靠性。

数据化是智慧楼宇管理的重要手段之一，通过数据采集、存储、分析和挖掘等技术手段，可以实现楼宇设施和资源的精准管理和调控，提高设施和资源的利用效率和管理效率，实现楼宇管理的可持续发展和数字化转型。

二、智慧楼宇管理的原则

智慧楼宇管理的原则，主要包括以下几个方面：

（一）以用户需求为先原则

智慧楼宇管理的核心是为用户提供更好的服务和体验，因此应该将用户需求放在首位。在楼宇管理过程中，要不断了解用户的需求，优化楼宇服务和设施管理，为用户提供更加舒适、便捷和个性化的服务。

（二）数据驱动原则

智慧楼宇管理要通过数据采集、处理和分析，实现对楼宇设施和资源的数字化管理和智能化控制。因此，数据驱动是智慧楼宇管理的基本原则，通过数据分析和挖掘，实现楼宇管理的精细化和精确化。

（三）系统集成原则

智慧楼宇管理涉及多个系统和设备，需要实现不同系统之间的协同工作和信息共享。因此，系统集成是智慧楼宇管理的重要原则，通过系统集成，实现设备之间的互联互通和信息共享，提高楼宇设施的管理效率和调控精度。

（四）可持续发展原则

智慧楼宇管理应该充分考虑可持续发展原则，降低楼宇对环境的影响，提高能源利用效率和资源利用率。在楼宇设计和管理的过程中，要优先选择节能、环保的设备和材料，实现楼宇的可持续发展。

（五）安全保障原则

智慧楼宇管理需要充分考虑安全保障原则，通过智慧安防系统和安全预警系统，实现对楼宇设施和人员的安全监控和预警，保障楼宇设施和人员的安全。同时，还要加强对楼宇设施和资源的保护和维护，防止设施损坏和资源浪费。

智慧楼宇管理的原则要围绕用户需求、数据驱动、系统集成、可持续发展和安全保障而展开，实现对楼宇设施和资源的数字化管理和智能化控制，提高管理效率和设施利用效率，提高用户体验的满意度，也可促进楼宇可持续发展和安全保障的实现。

三、楼宇经济管理模式

如果说碎片化管理是楼宇经济管理的1.0模式、楼宇社区治理和设置企业发展服务中心是楼宇经济管理的2.0模式的话，那么基于服务拉动和智慧推动的网络化协同治理就是楼宇经济管理的3.0模式。为实现网络化协同治理，需要调整组织架构，为楼宇经济发展和相关企业提供集成性的公共服务；推动智慧治理，建立线上与线下无缝衔接的楼宇经济管理系统；健全协同网络，共建共享大气、开放、包容的商务楼宇共同体；完善配套工作，为协同治理模式的贯彻实施，提供支持和保障。

（一）楼宇经济管理的传统模式

一般来说，楼宇经济是指以各类楼宇、功能性板块和区域性设施为主要载体，通过开发、出售或出租楼宇，引进各类企业集聚、衍生和扩散到相关产业，从而扩大财税来源，带动区域经济快速发展的一种经济形态。因为楼宇经济具有高度的要素集聚效应、巨大的规模经济效应和显著的财政税收效应，它被人们称为“垂直的印钞机”或“立起来的开发区”。在实践中，政府规划与管理、服务体系完善、基础设施配建、人力资源与招商引资等因素对楼宇经济发展有显著影响。就楼宇经济的管理模式而言，当前主要存在以下三种模式：

1. 碎片化管理模式

碎片化管理是指在楼宇经济管理中，由于涉及多个管理方面和多个管理主体，而导致的管理工作分散化和碎片化。这种管理模式在管理效率、服务质量和资源利用效率方面，存在一定的问题。

首先，碎片化管理容易导致管理信息的不连贯和不完整。例如，楼宇中的不同物业公司可能会采用不同的管理软件，导致信息共享不畅、管理数据无法对接，难以对其进行全面分析和管理。

其次，碎片化管理难以实现资源的协同利用和共享。例如，不同物业公司之间可能存在竞争关系，难以共享楼宇内的公共资源，如停车位、会议室等，导致资源浪费和利用效率低下。

最后，碎片化管理模式难以实现楼宇经济的协同发展。例如，楼宇内企业与商铺之间可能缺乏协同合作和资源整合，难以形成优势互补、协同发展的局面，限制了楼宇经济的发展。

为了改变碎片化管理的现状，需要建立协同治理机制，包括建立统一的信息共享平台，实现物业公司、业主委员会、居民委员会和企业等管理主体之间的信息共享和协同管理；建立资源共享机制，实现公共资源的合理利用和共享；建立产业联盟，促进楼宇内企业与商铺之间的协同合作和资源整合。通过这些措施，可以实现楼宇经济的协同发展和高效管理。

2. 楼宇社区治理模式

楼宇社区是楼宇经济发展和社会管理相融合的管理模式。楼宇经济管理中的楼宇社区治理模式是指以楼宇为单元，通过组建居民委员会或业主委员会等居民自治组织，实现对楼宇社区的管理和服务。

在楼宇社区治理模式中，居民委员会或业主委员会是管理和服务的主体，通过与物业公司、政府部门等各方合作，共同开展楼宇社区的公共秩序、环境卫生和安全稳定维护等。具体措施包括但不限于以下几个方面：

（1）组建居民委员会或业主委员会，让居民参与到楼宇管理中来，形成自治的氛围和机制。

（2）加强居民与物业公司的沟通，建立定期沟通机制，及时向物业公司反馈服务问题和服务质量，以便物业公司及时处理。

（3）加强居民与政府部门的联系，协调解决楼宇社区的环境卫生、治安管理、基础设施维护等问题。

（4）开展多种形式的社区活动，增强居民之间的交流和互动，增强社区的凝聚力和活力。

楼宇社区治理模式的优势在于可以更好地发挥居民自治的作用，增强楼宇社区的凝聚力和管理效能。同时，它也为物业公司和政府部门提供了更多的参与机会，可以形成多方合作的共治模式，达到资源共享、责任共担和效益共享的效果。

3. 企业发展服务中心模式

企业发展服务中心模式是指在楼宇经济管理中，设立一个专门为企业提供发展服务的中心，以促进企业的健康发展和楼宇经济的繁荣。

企业发展服务中心模式可以提供以下方面的服务：

（1）市场调研与信息咨询。通过市场调研与信息咨询，可以帮助企业了解市场动态，制定市场营销策略，推动企业产品和品牌的建设和推广。

（2）财务和税务服务。为企业提供财务和税务方面的咨询服务，帮助企业制订财务计划、制定税务策略，确保企业合法、合规经营。

（3）人力资源服务。为企业提供招聘、培训、福利和绩效管理等人力资源管理方面的服务，帮助企业建立完善的人力资源管理体系，提高员工的工作效率和满意度。

（4）技术支持服务。为企业提供技术咨询和支持服务，帮助企业解决技术难题，促进技术创新和产业升级。

（5）创业孵化服务。为企业提供创业培训和创业孵化服务，帮助创业者实现创业梦想，推动创业文化的发展和楼宇经济的繁荣。

企业发展服务中心的建立和运营，可以提高楼宇内企业的竞争力和发展水平，促进楼宇经济的持续发展和创新创业的蓬勃发展。

（二）服务和智慧双轮驱动的协同治理模式

随着城市化的加速和楼宇经济的发展，楼宇管理已经成为城市治理的重要组成部分。为了提高楼宇的管理水平，要采用服务和智慧双轮驱动的协同治理模式。服务是楼宇管理的基础，是保障楼宇正常运转和用户舒适度的前提。在服务方面，楼宇管理要注重基础设施的建设和维护，如电梯、供暖、通风等，以确保用户的基本需求得到满足。同时，楼宇管理还要关注社区服务，为用户提供便民服务，如快递代收、物业报修等，以提高用户的满意度。

除了服务，智慧也是楼宇管理的重要方面。智慧楼宇管理可以帮助楼宇管理者更加高效地运营和管理楼宇，提高管理水平和质量。例如，通过智能设备和传感器，可以实现对楼宇设施的实时监测和控制，如温度、湿度、照明等。通过大数据技术的应用，可以对楼宇的能耗、安全等方面进行预测和优化，从而提高管理效率。

服务和智慧的双轮驱动，需要建立一个协同治理的模式。这个模式应该是一个多元主体共同参与的模式，包括政府、物业公司、企业和用户等，形成共建、共生、共享、共荣的局面。在政府方面，应该加强对楼宇管理的监管和协调，建立一个健全的政策、法规体系，为楼宇管理提供政策保障。在物业公司方面，应该注重服务质量的提高，引入先进的智能设备和技术，提高管理效率和水平。在企业方面，可以通过投资和合作提供优质服务和产品，为用户带来更多的福利和便利。在用户方面，可以通过积极参与楼宇治理，提出意见和建议，与管理方沟通、交流，共同促进楼宇管理的进步。

服务和智慧双轮驱动的协同治理模式是楼宇经济管理的重要方向，通过建立多元主体参与的共建共享机制，可以提高楼宇管理的质量和效率，为用户提供更加优质的服务和舒适的生活、工作环境。

在楼宇经济管理中，协同治理模式和碎片化模式是两种不同的管理方式。协同治理模式强调服务和智慧双轮驱动，而碎片化模式则是以单一功能和短期目标为导向的管理方式。下面，我们来比较一下这两种模式的优缺点。

第一，协同治理模式注重服务和智慧双轮驱动，具有强大的整合能力。在这种模式下，服务和智慧相互支持、相互补充。通过服务与智慧的融合，可以更好地整合楼宇内外的资源，优化资源配置，提高资源利用率。而碎片化模式则只关注单一功能，只有在特定情况下，才能发挥作用，整合能力较弱。

第二，协同治理模式强调长期发展规划和智慧化管理手段，能够实现可持续发展。这种模式下，通过不断引入新技术和管理手段，可以持续提高服务和治理的水平。而碎片化模式则只关注短期目标，对于长期规划和发展较为缺乏关注，容易导致管理的不可持续性。

第三，协同治理模式重视参与和共建共享，能够增强管理和治理的合法性及可行性。在这种模式下，各方主体的参与和合作是非常重要的，可以提高管理的透明度和公正性。而碎片化模式则缺乏对多方主体参与和合作的重视，容易导致管理和治理缺乏合法性及可行性。

因此，在楼宇经济管理中，我们应该倡导和推广服务和智慧双轮驱动的协同治理模式，以实现楼宇经济的可持续发展，提高管理和治理水平。

第二节 智慧楼宇管理的流程和方法

一、智慧楼宇管理系统（IBMS）的设计和实现

智慧楼宇管理系统（IBMS）包括综合布线系统、计算机网络系统、电话系统、安防监控系统、一卡通系统、广播告示系统、楼宇自动控制系统、酒店管理系统、物业管理系统及智慧楼宇管理系统，能够将各个孤立的楼宇管理系统整合起来，有利于提高楼宇的自动化水平。

（一）IBMS 的设计过程

1. 设计目标

IBMS 的设计目标如下：

第一，将现代化大楼内的弱电子系统的各种数据进行互联互通，实现一体化作业，保证数据可以交互、功能可以联动。

第二，可适应各种应用场景和不同的厂家，要求在简单配置的前提下可直接部署，不用进行二次开发，实现即插即用。

第三，可集中显示建筑物中所有设备的位置及状态。

2. 设计原则

IBMS 设计应遵循以下几个原则：

第一，实用性原则。根据管理方、运营方的实际要求，来设定集成的子系统，一切以实用性为前提。同时，尽量避免增设不必要的子系统，不能一味追

求功能多，应根据实际需要进行设计。

第二，安全性原则。对于综合写字楼来说，安全是第一要务，包括人员出入安全、车辆出入安全、设备安全，以及资产安全等。安全性原则作为系统设计的重要原则，应贯穿整个项目设计的始终。

第三，可扩展原则。系统应具有较强的兼容性，既可以兼容各厂家的子系统，又可以兼容同一厂家各个时期不同版本的系统，以适应不同的应用场景。

第四，易用性原则。复杂的业务逻辑会影响用户体验，因此在界面布局上要符合大部分用户的使用习惯。

3. 整体框架设计

第一，建立物理模型，将不同子系统的设备参数、功能、事件等信息整合到一个物理模型上，随后以物理模型为管理单元，进行框架设计。

第二，建立智慧楼宇的信息域，在同一平台上，实现各个子系统之间的信息交换、管理及监控。

第三，建立各个子系统之间的联动规则，对触发规则、联动规则、系统关联机制等进行定义。建立数字孪生的模型组合，对功能菜单进行配置。

在数据库设计方面，除了使用常见的关系型数据库保存设备类信息之外，还要考虑各种子系统保存大量动态数据的需要，这就要用到非关系型数据库。考虑到各个厂家设备接口的多样性，除了常见的协议类网络接口之外，还需要支持 Modbus、RS232、RS485 等硬件接口，各个子系统与设备之间的接口要经过模块化封装，尽可能实现代码复用。

4. 功能模块设计

（1）设备管理模块设计。设备管理中心用于管理设备及相应的区位信息、设备类等，其主要提供设备的定义和管理服务，主要业务包括创建设备类型、创建/绑定设备属性、创建/绑定设备事件、创建/绑定设备动作、维护设备群及维护地理位置。

①定义设备类：从面向对象的角度创建设备类，设置设备类名等定义属性。

②创建设备属性：为设备类创建设备属性，绑定来源于子插件提交的数据属性。

③创建设备事件：为设备类创建设备事件，绑定来源于设备系统的设备事件。

④创建设备功能（动作）：为设备类创建设备事件，绑定来源于子插件提供的设备动作。

⑤子插件设备类型注册：子插件应提供一个设备虚拟类，以供设备定义时绑定。

⑥地理位置树：分级记录园区的各种位置，为设备类型中的设备位置、3D中的设备位置提供支持。

⑦设备清单增删改查：根据地理位置区分设备列表。

⑧设备实例导入：根据子插件提供的虚拟设备类创建设备类后，子插件提供设备列表采集记录，然后归并到该设备类后登记到系统。由于设备结构特殊且存在继承关系，所以计划采用双数据库的形式进行存储。

（2）子插件管理模块设计。动态管理子插件，通过系统配置和软件授权License的方式，安装、授权、启用、停用、切换、备份和删除子插件，并监控子插件的运行状态。基于非对称加密算法，生成子插件的授权License，将授权码放到指定位置，子插件在启动或登录时进行授权校验，校验通过则程序激活成功。

（3）子系统管理模块设计。子系统管理模块可控制子系统和子插件的状态，查询和测试子系统下子插件的功能。服务化架构（SBA）提供的接口，在指定Cookie、Connection、Accept后，可得到服务器发送事件的单向长链接，可实时从服务端接收流式信息，内容包括微服务的在线状态和所在服务器的线程详细信息。IBMS要求子系统和子插件的name字段规范，以区分微服务的类型，确定从属关系。

（4）联动管理模块设计。联动中心用于关联跨系统的设备类，联动是设备之间的关系，建立联动关系需要触发机制与动作效果。当满足触发机制时，使用相应的设备产生对应的动作效果称为联动事件。

①事件来源设备：在联动关系中，其提供触发联动效果的事件。

②动作执行设备：在联动关系中，其提供联动实现的具体效果。

③联动关联设备：其是多对多的关系，用于关联、联动输入组合与联动输出组合。

IBMS 系统通过接口网关，实现各个子系统之间的通信，各子系统之间可以相互联动，在联动关系中提供触发联动效果的事件，调整设备的运行参数。

（5）可视化管理模块设计。可视化管理模块使用 3D 建模技术，构建建筑、设备的三维场景，以三维的方式，呈现建筑物、供水、供电、照明设备、空调设备、会议室分布、监控探头、门禁、消防管线、停车场车位、环境监测点位及电梯设备等的整体轮廓和空间分布情况。

（二）系统实现过程中的关键技术

1. 标识与解析技术

由于建筑物中的设备具有多样性，因此要构建设备的物联感知体系，对设备的运行态势进行多维度、多层面的监测，同时基于感知信息对设备进行虚实互动，主要技术包含标识与解析技术、智能感知技术、实时监测技术等。标识是设备模型在平台中的唯一身份标识，可通过标识解析技术，获取物联网设备的属性信息，如地址、空间位置等。

2. 实时监测与协同控制技术

实时监测技术通过利用物理链路层、传输网络层及应用层的协议，实现感知信息的高效传递。协同控制技术通过直接与对象绑定，完成对智能设备的数据采集，以及根据远程控制指令调整设备的运行参数。

3. 3D 建模技术

利用 3D 建模技术，构建集建筑主体、水电管道、设备、绿化、周边建筑及地下空间于一体的三维空间场景，实现对物理空间的几何建模。采用数字孪生技术，建立3D可视化场景，通过逐级放大进入方式，实现可视、可管、可控及可维护。

4. 系统对接与联调

摄像机编码器的编码格式不同，码流的传输带宽要求不一样。码流分为主码流和子码流，主码流适用于本地存储，子码流适用于在低带宽网络上传输图像。楼宇中各个子系统的通信协议存在差异，因此在对接和联调前，应做好技术交底和协商。

二、智慧楼宇管理的流程

智慧楼宇管理的流程主要包括以下几个环节：

（一）数据采集

通过传感器、监测设备等手段，对楼宇内部的各种设施进行数据采集，包括设备运行状态、能源消耗情况、室内温度、湿度和空气质量等数据。

（二）数据处理

对采集到的数据进行处理和分析，通过数据挖掘、数据分析等技术，提取有用的信息，如能源消耗趋势、设备故障预测等。

（三）数据展示

将处理后的数据以可视化的形式进行展示，如楼宇设施运行状态图、能源消耗趋势图等，方便楼宇管理者和用户了解、查看。

（四）智能化控制

通过智能化技术手段，实现对楼宇设施的自动化控制、自适应调节和智能化管理，以提高设施的利用效率和舒适度。

（五）数据分析和优化

通过对数据进行分析和优化，不断优化楼宇设施的管理模式和调控策略，降低运营成本和维修成本，提高楼宇设施的可靠性和可持续性。

（六）数据存储和管理

对处理后的数据进行存储和管理，包括数据库、云存储等技术，以便楼宇管理者随时查看和分析。同时，还要保障数据的安全。

（七）用户体验和服务

通过智能化和数据化技术手段，为用户提供更加舒适、便捷、个性化的服务，提高用户体验的满意度，增强用户的忠诚度和品牌的美誉度。

三、智慧楼宇管理的方法

智慧楼宇管理的方法包括以下几种：

（一）智能化监测

智能化监测是智慧楼宇管理的重要方法之一，通过传感器、网络、人工智能等技术手段，实现楼宇设施的智能化监测和管理。例如，通过智能化的视频监控、智能门禁管理等手段，实现楼宇设施的智能化监测和管理。

1. 智能监控在智慧楼宇中的应用

前端设备包括网络摄像机和编码器。

网络摄像机通过地板水平弱电线槽连接到弱电室，将编码器、地板交换机等设备放置在弱电室内。监控资源在各楼层弱电间汇聚后，通过垂直干线，汇聚到监控中心，部署管理平台、磁盘阵列和解码墙设备。

编码器接入摄像机和监控设备的视频、音频信号，并将其转换、压缩为数字信号，传输到监控中心。支持移动检测报警，通过 RS485 控制云平台和球机，支持对讲机接入和报警输入输出设备，满足监控、云镜控制、对讲机和报警接收联动的基本需要。支持实时流和存储流双流输出，支持端到端 IPSAN 架构网络存储，支持本地缓存，在网络故障时保存图像信息。

根据室内外应用场景和单通道、多通道聚集的需求，可采用不同的网络摄像机或编码器产品，对于室内小场景，可采用标记设备，如楼梯间、电梯入口、角落等小场景，对于室外或室内大场景，应采用高清设备，如大厅、走廊、停车场等。

2. 楼宇监控的辅助系统

（1）监控供电系统。建筑供电是评价智能建筑服务质量的重要指标，通常需要监测建筑内的供电变压器、高压侧供电参数和低压侧供电参数（或只监测一个）。

①变压器温度监测：实时监测供电变压器温度，将收集到的温度值存储在数据库中，为数据查询和曲线输出提供依据。

②供电高压侧监测：实时监测供电高压侧的电压和电流，将采集值存储在数据库中，为数据查询和曲线输出提供依据。

③供电低压侧监测：实时监测供电低压侧的电压、电流和功率因数，将采集值存储在数据库中，为数据查询和曲线输出提供依据。

④报警功能：在变压器超温、高压侧过电压、低压侧过电压，以及过电流时，输出故障报警。

⑤显示打印：显示、打印动态运行过程图片、数据查询结果、运行曲线、故障报表和数据报表。

（2）监控照明系统。建筑照明也是智能管理项目之一，照明监控主要是为了更好地节约能源，并根据设定的时间程序自动控制照明。

①公共区域照明监控：采用定时程序控制，实施启停控制、运行状态控制、

故障报警，并累计运行时间。

②生活区照明监控：采用定时程序控制、启停控制（包括节假日泛光照明）、运行状态控制、故障报警，并累计运行时间。

③办公区照明监控：对工作日、周末、节假日，分别进行不同的时间控制，根据照明传感器采集的数据，进行调光控制，实施启停控制、运行状态控制、故障报警，并累计运行时间。

④事故照明：在紧急情况下，自动启动事故照明，并发出报警。

⑤报警功能：各区域照明故障报警、应急报警（启动事故照明）。

⑥显示打印：显示、打印动态运行过程图片、数据查询结果、运行曲线、故障报表和数据报表。

⑦区街及泛光照明：采用定时程序控制，实施启停控制、运行状态控制、故障报警，并累计运行时间。

（3）监控给排水系统。给排水由生活供水（冷水、热水）和污水排放组成。在供水方面，主要实施恒压供水、污水池液位指示和报警，以及各种供排水泵的定期循环。

恒压供水技术通常是由变频器、软启动器等组成的电气控制系统。当用户用水量较少时，变频器通过调节频率，来适应供水流量；当用户用水量增加后，可通过增加工频泵，来满足供水流量。

①生活泵控制：DDC 完成生活泵启停控制、运行状态控制和故障报警信号管理，自动实现恒压控制、循环倒泵、备用替换等功能。

②水流检测：生活水泵运行，DDC 接收水流开关对水流的检测信号。

③水压监测：远程压力传感器实时监测城市污水管网的压力，并将模拟信号发送到 DDC，实现超低压的及时报警和控制。

④供水压力监测：远程压力传感器实时监测供水管网的压力，并将模拟信号发送到 DDC，实现供水压力的实时监测。

⑤频率监测：变频器输出频率的当前值，并将模拟信号发送到 DDC，实现频率的实时监测。

⑥污水泵控制：DDC 完成污水泵启停控制、运行状态控制、故障报警信号的监控，自动实现循环倒泵、备用替换等功能。

⑦污水液位监测：DDC 接收污水液位检测信号，完成超低液位、低液位、高液位、超高液位的实时显示。

⑧报警功能：针对所有检测参数，进行故障报警、水流开关报警、超低液位报警、超高液位报警。

⑨显示打印：显示、打印动态运行过程图片、数据查询结果、运行曲线、来水压力表、供水压力表、变频器频率表、故障报表和数据报表。

（4）监控供热站系统。供热站为建筑内的空调系统提供热源，由锅炉、板式换热器、冷冻水循环泵、补水泵、电动蝶阀等组成。板式换热器一侧流入锅炉热水或蒸汽，两侧热水借助冷冻循环水系统，为用户提供空调机组所需的热源。

①热水温度控制：将热交换器二次热水出口的检测温度送入 DDC 与设定值进行比较，控制热交换器上的一次热水/蒸汽电动调节阀，改变一次热源供应的流量，调节二次热水出口的温度。

②热水泵控制：DDC 完成冷冻泵启停控制、运行状态控制、故障报警信号的管理，自动实现恒压控制、循环倒泵、备用替换等功能。

③联锁控制：根据负荷启动热交换器的工作参数，进行联锁控制。当热水泵停止运行时，热水/蒸汽电动调节阀一侧自动关闭。

④参数监测：监控的参数包括供水温度、压力、流量、回水温度等。

⑤显示打印：显示、打印动态运行过程图片、数据查询结果、运行曲线、一次热水（蒸汽）温度表、二次出水/回水温度表、压力值和流量图等。

3. 监控中心——管理平台

监控中心的核心设备包括视频管理服务器、数据管理服务器、网络存储设备和电视墙设备。视频管理服务器提供全系统的认证、管理、配置、控制和报警等服务。视频管理服务器作为 WEB 客户端访问的系统 WEB 服务器，需要支持全面、完善的观看、控制、存储、管理和使用业务。数据管理服务器主要为 IPSAN 等存储设备，提供统一的管理、配置和 VOD 点播服务。

4. 网络组成

传统网络采用三级网络方式，虽然提高了核心设备端口的利用率，但在形成带宽收敛的同时，也增加了网络延迟节点，不满足安全监控网络级联数越少越好的需要。优秀的网络设备自然具有较强的群播复制能力，相反，它们在监控系统中增加了流媒体服务器来复制媒体流量，它们既没有充分利用资源，造成反复投资，又形成了性能瓶颈和单点故障，得不偿失。

随着社会的发展，人们对建筑的要求逐渐提高，智能建筑是智慧城市建设和发展的必然产物。智能建筑的自动监控系统，可以有效地连接建筑的各种功能，共同完成工作，可以更及时、更快地解决楼宇的紧急情况。

（二）数据可视化

随着互联网、物联网和人工智能等新一代信息技术的发展和普及，楼宇安防系统的安全需求越来越受到重视。通过智能化技术与物联网技术的结合，实现楼宇高效化、智能化管理，成为现代智慧楼宇建设的新要求。

1. 智慧楼宇的建设需求

智慧楼宇建设是指将传统的楼宇管理方式升级为基于信息技术和物联网技术的智能化、数字化、自动化管理模式，实现楼宇信息化、安全化、高效化和可持续化发展。在信息化和智能化时代，智慧楼宇建设已成为城市建设的重要组成部分。智慧楼宇的建设需求主要体现在安全、智能、管理和办公四大方面，具体内容如下：

①管理需求。传统的楼宇管理模式碎片化，信息孤岛现象严重，缺乏有效的管理平台和数据分析能力。智慧楼宇建设需要建立完善的信息化平台和管理系统，实现各类设备、数据的联动和管理，提高管理效率和管理质量。

②安全需求。随着城市化的不断发展，楼宇面临着各种安全威胁，如火灾、爆炸、盗窃等。智慧楼宇建设需要引入物联网技术，实现设备之间的互联互通，

建立智能化的安防系统，提高楼宇的安全性和防范能力。

③环境需求。楼宇环境影响员工的工作效率和生活质量，智慧楼宇建设需要引入智能化的环境监测系统，实时监测楼宇内部的温度、湿度、光照等参数，调节空调、照明等设备的运行，提高员工的工作效率和生活舒适度。

④节能需求。传统的楼宇管理模式存在能源浪费现象，智慧楼宇建设需要引入节能技术，实现对楼宇能源的监测和管理，减少能源浪费，提高能源利用效率。

2. 智慧楼宇数字化业务处理

随着信息技术的不断发展，越来越多的楼宇开始采用智慧化的方式管理和运营。数字化业务处理是智慧楼宇建设的重要组成部分之一，它涉及各种信息技术和应用，可以有效提高楼宇管理的效率。

数字化业务处理的具体内容包括以下方面：

①信息化建设。信息化建设主要包括网络建设、软件平台建设和智能设备配置等。

②数据采集与分析。通过传感器、监测设备等对楼宇内部的数据进行采集，然后对数据进行处理和分析，提高楼宇运营的效率。

③业务流程优化。通过数字化方式，对楼宇内部的各个业务流程进行优化，实现自动化、高效化的管理。

④信息化服务。通过数字化技术，提供更便捷、快速、准确的服务，包括楼宇内部的安保、维修和物业管理等。

⑤数据共享和交流。通过数字化平台，实现楼宇内部各个部门的信息共享和交流，提高协同效率和工作质量。

数字化业务处理对智慧楼宇建设的意义在于以下几个方面：

①提高管理效率和服务质量。通过数字化方式，可以实现楼宇的自动化、高效化管理，提高管理效率和服务质量。

②降低运营成本。通过数字化方式，可以降低楼宇管理的人工成本和管理成本，提高楼宇运营效益。

③促进可持续发展。通过数字化方式，可以提高楼宇的资源利用效率，降低能源消耗和环境污染，促进楼宇的可持续发展。

④提高安全性和可靠性。通过数字化方式，可以实现对楼宇内部各个业务流程的自动化管理和监控，提高楼宇的安全性和可靠性。

（三）人机交互

人机交互是智慧楼宇管理的重要方法之一。通过人机交互技术，实现楼宇设施的智能化控制和管理。例如，通过智能化的触控屏幕、语音识别等手段，实现楼宇设施的智能化控制和管理。

1. 人机交互的内容及模式

（1）人机交互内容的确定。楼宇设备自动化系统是一个较为庞大的系统，其内容和分支系统较多，并且分散存在于智能大厦之中，必须从数量、类别、相关参数和管控要求等方面，掌握这些繁杂的分支系统，才能全面、合理地对其进行管控，并明确人机交互的内容，杜绝信息孤岛的出现和多余的控制。人机交互的内容是确定智能大厦设计方案和成本造价的依据，还可以实现投资分析，为智能大厦的设计者和建造者提供相关参考。

将楼宇设备的管控内容进行合理分类，是确定人机交互的前提条件，这就要充分考虑三大原则：

第一，充分考虑设备所控制的内容所在的分支系统类别，看其是否处于独立运行的状态，并通过对分支系统的数目、运行态势、通信状况及相关参数进行统计，实现分类目标，以便为系统设计方式提供一些根据。

第二，在不同分支系统的内部，采用开关量和模拟量信号状态分类的方法，对单个设备控制的内容进行相应的分类，以便确定合理的控制深度和精确度。

第三，根据监视和控制的要求，对各个分支系统中的单个设备进行分类，以达到较高的控制水平，同时还能调控成本，明确不同分支系统的作用和要求，使整个系统的功能实现最优化。

（2）人机交互模式分析。在人机交互模式中，当信息需要被输送时，会通过计算机、控制器等载体，以模拟量或数据量的方式，将信息传输给工作人员。通常，这种传输的通道是显示器、闪烁灯和传声器等。工作人员接收到信息后，在人机界面中对信息进行传递，控制并处理接收的信息，然后再反馈给控制对象。

控制通信协议是人机交互实现的重要途径，且应当与传输通信协议这种机机交互途径区分开来，二者分别是独立存在的，但同样的协议却可能同时出现在一幢智能大厦中，要使人机交互充分实现，二者应该同步进行、缺一不可。作为人机交互系统的实现途径，通信控制协议通过在工作人员的域与控制对象之间创造一种映射关系，利用各种技术手段，使工作人员接收到信息并进行控制和处理，使得信息转换成工作人员和系统都易于理解的知识，实现人机互换。

2.人机界面的设计原则及发展方向

（1）人机界面的设计原则。通过人机界面的操作，可以充分达到人机交互的效果，而人机交互水平和监控管理水平，取决于人机界面的设计水平和友善性。

人机界面的设计涉及两方面的内容，一方面是现场控制器，其监督和管理由专业技术人员和维护人员进行，此部分的界面设计要求较低；另一方面是监控管理器和系统集成监控器，这部分的界面设计要达到较高的要求，因为这里的界面不仅仅是专业的技术人员和维护人员在操作，有人机交互需求的非专业工作人员也会进行此界面的操作。如果设计要求过低，会给非专业人员的使用带来困难，人机交互就很难实现。因此，这里的界面设计原则仅针对监控管理器和系统集成监控器，具体原则如下：

第一，按顺序设计人机界面，应当充分考虑系统对数据处理或查看的顺利进行，使得设计出来的界面操纵更顺手。

第二，按照功能要求设置模块，人机界面涉及许多功能模块，在设计时，要合理设置功能区、菜单和对话框。

第三，按照交互频率设计界面，主要是指人机交互的频繁程度，并应当考虑菜单、对话窗的位置等。

第四，按主次原则进行设计，有些控制对象在所有对象中占主要位置，在设计界面时，要突出重要内容，次要内容可以设置在次要位置上，把握好整体界面布局。

第五，充分考虑使用对象的不同，在设计界面时，应当将不同身份层级的工作人员进行区分，突出领导角色，并注重针对不同的工作性质，设置与之相适应的界面，以使人机交互达到良好状态。

（2）人机交互的发展方向。在智能楼宇设备自动化系统中，两个最重要的实现途径是传输通信协议和控制通信协议。长期以来，二者在运行上都是同步的，但在空间范围中又是相互独立的。二者的这种尴尬关系，导致自动化系统出现很多问题，存在一些硬件和软件重复的情况，造成了资源的浪费和成本的增加，不利于实现较好的经济性。因此，人机交互的发展方向是传输通信协议与控制通信协议实现一体化发展，这也是充分发挥楼宇设备自动化系统优势的必要条件。

近年来，科技的发展使得计算机技术屡屡得到突破，图形显示技术（CRT）作为一种先进的计算机技术，给人机交互注入了新鲜的血液，能够使得人机界面的表现形式更为生动、形象，从而使得人机交互达到一个更高的水平。此外，多媒体技术的日渐成熟，也给人机交互带来了新的机遇，人机交互模式变得更加丰富多彩，原本一些只能通过键盘和鼠标来完成的操作，可以通过语音或扫描等模式实现。总之，人机交互将会朝着更为成熟和现代化的方向发展。

当然，人机交互在发展的过程中难免会遇到一些问题，因此在注重对人机交互模式进行更新升级的同时，也要正视问题，并采取科学、合理的措施，实现人机交互的革新，使得楼宇设备自动化系统的监管更为自动化。

楼宇设备自动化系统作为智能大厦系统中的一套不可或缺的系统，对整个大厦的智能效果起着至关重要的作用。在楼宇设备自动化系统中，对人机交互内容的确定是关键的一步，还要注重人机交互模式的选择，在遵循相关原则的基础上，对人机交互界面进行合理设计。通过这些方式、方法，使得人机交互的水平得到有效提高，从而促使楼宇设备自动化系统顺畅运行，让智能大厦真正起到为人们提供舒适、健康生活环境的作用。

第三节 智慧楼宇管理的关键技术和应用案例

一、系统相关技术介绍

（一）Spring Boot 介绍

在 Spring Boot 框架产生之前，Spring 是企业 Web 开发中使用较多的框架。Spring 致力于为用户提供一个统一、高效的开发框架，其简化了 EJB 开发，使得 Java EE 开发变得更加容易。Spring 框架可做的开发工作随着其使用范围的扩大而增多，从一开始的单一框架，渐渐变成了大而全的开源软件。其可以对接、支持的软件越来越多，虽带来了方便，但软件的臃肿性也随之而来。框架集成大量开源软件，基础配置越来越大，配置文件越来越多，开发人员不仅需要注意各类配置和兼容，而且其后期的维护难度也很大，使 Spring 开发变得繁杂起来。

因此，为了进一步简化开发工作，为了使开发人员更好地使用 Spring，Pivotal 团队开发了一款新框架 Spring Boot。此框架简化了 Spring 应用的初始搭建和整个开发过程，推崇“约定大于配置”理念，开发人员使用此框架，可脱离繁杂的配置，降低开发难度。同时，Spring Boot 提供各类启动器，用户采用特定的配置，只需要少量代码，即可创建、运行一个独立的 Spring 应用。

与之前的框架相比，Spring Boot 具有以下特点：

1. 独立运行

Spring 容器运行需要其他容器的支持，Spring Boot 直接内嵌了不同的Servlet 容器，如 Tomcat、Jetty 等，因而省去了 Web 工程封装打成 war 包部署到外部容器的环节。一个 jar 包即包含所有依赖包，直接运行 jar 包，即可创建独立的 Spring 应用程序。

2. 简化配置

Spring Boot 所提供的 starter 机制是其去繁就简的关键，开发人员只需要引入 start.jar 包，需要加载的信息即可被 Spring Boot 自动扫描。系统常用库通过Maven 的传递解析机制聚合在一起，starter 可通过 maven 对项目依赖统一管理。

3. 自动配置

Spring Boot 所采用的条件化配置，可以忽视各类依赖库配置处理，根据当前 classpath 路径下的类、jar 包猜测可能需要的 bean，为项目自动配置 bean。

4. 无代码生成

在使用 Spring Boot 的过程中，框架可以自动完成配置工作，不用代码、XML 文件配置。

5. 自动监控

因在设计之初就已考虑到监控问题，Spring Boot 自有一个专门的监控组件Spring Boot Actuator，来提供对应用系统监控的功能，用户可于此查看配置、Spring bean、环境属性等信息。

6. 自动测试

测试框架在 Spring Boot 内的集成有 7 种，即 JUnit、Spring Test & Spring Boot Test、AssertJ、Hamcrest、Mockito、JSONassert 和 JsonPath。因此，用户只需要在项目中引入测试依赖包，即可在 test 所包含的不同测试环境中，对数据库、Web、mock 等进行测试。

（二）人脸算法介绍

人脸算法可检测出监控中的人员面部，识别人员身份。在整个过程中，通过视频采集设备来获取目标人像，再调用人脸算法对目标人像图做转换处理，提取特征值之后，与系统数据库中已有的人脸数据进行比对，通过比较阈值或分数的方法，确定目标人员的身份。

人脸算法处理需要先进行人脸检测，即判断输入图中是否存在人脸，确定了人脸存在并得到人脸位置之后，再进入算法人脸识别流程。现有的使用较多的人脸识别算法可分为四类，即基于人脸特征点识别、基于整幅人脸图像识别、基于模板识别，以及利用神经网络识别。本文使用 OpenCV 中 FaceRecognizer 类中的基于人脸特征提取的 EigenFace 方法。

EigenFace 是使用主成分分析法来识别人脸的方法，其主要思路是用向量表示每一个输入的人脸图像，通过 PCA 方法，将向量转换空间维度，在一个新的空间中判断向量间的距离。PCA 方法的核心思想是认为同一类事情中必然存在相同的主成分，主成分特质在不同的空间仍然保持一致。PCA 步骤为，先对数据进行样本中心化处理，计算处理之后的数据的协方差矩阵，通过特征分解，得出此矩阵的特征值与特征向量，取特征值较大的部分特征向量，组成新的投影矩阵，通过投影矩阵，将原始空间的数据投影到新空间。对应特征脸算法的具体步骤如下：

首先，用列向量表示输入的人脸，组成一个人脸矩阵。基此矩阵对每一行求平均值，得到平均脸。随之，用每张脸减去平均脸，得到中心化的人脸数据。对此中心化后的数据求协方差矩阵的特征向量。此时，每一个特征向量都是一张人脸特征，此向量包含对应人脸处理之后的特征称为特征脸。特征脸对应的特征值与其可表达的信息量成正比，特征值越大，分度就越好。对特征值排序后，选择一些较为重要的特征向量，构成投影矩阵。这个矩阵可以把人脸投影到一个子空间中，此空间称为脸空间。识别一个人是否为此子空间中的某个人，只要将人脸投影到脸空间，找到与投影后最近距离的点即为同一人脸，一般使用欧氏距离和余弦距离来计算。

特征脸识别方法的本质是将人脸面部特征描述为参数，组成特征向量，向量中不仅保留了人脸的五官信息，而且保留了五官之间的结构信息。此算法识别准确率较高，是第一种实现人脸识别的方法，经过研究人员的改进，将现在的特征值算法与其他模板匹配算法相融合，可以达到更好的识别效果。

（三）光学字符识别（OCR）技术

OCR 是指对包含文本资料的图像做分析处理，从而获得图像内文字信息的过程。

OCR 实现的大致步骤如下：

第一步，预处理。在此步骤中，使用数字图像处理方法，完成彩色图像灰度化、降噪、图像增强和矫正等操作，以降低获取特征的难度。

第二步，特征提取。在传统方法中，此步骤多采用机器学习方法，达到图像特征提取效果，随着深度学习的发展，卷积神经网络（CNN）也成为一种普遍方式。

第三步，分类识别。对第二个步骤的特征进行识别，此过程使用图像检测算法，如 Faster-RCNN、RRPN、TextBoxes、CTPN 等。

第四步，后续处理。对第三个步骤的分类结果进行优化，纠正检测错误，优化文本格式。

二、人脸识别技术的应用

智慧楼宇系统人脸识别是指在智慧楼宇系统中应用人工智能和计算机视觉技术，通过摄像头捕捉到人脸图像后，使用算法，对人脸进行分析和比对，从而识别人的身份信息。人脸识别技术可以应用在智慧楼宇系统的门禁系统、访客管理、员工考勤等多个场景，可实现快速、准确、便捷的身份识别和管理。

同时，智慧楼宇系统人脸识别技术也可与其他智能设备和系统相结合，实现更加智能化、自动化的楼宇管理。

（一）人脸识别技术在智慧楼宇中的应用场景

1. 人员出入管理

人脸识别技术在智慧楼宇中广泛应用于人员出入管理场景。传统的出入管理方式往往需要人工登记和核实身份信息，这种方式效率低下，且容易出现安全漏洞。而人脸识别技术可以通过识别人脸图像，来快速、准确地辨认人员身份，提高了出入管理的效率和安全性。

在智慧楼宇系统中，人脸识别技术可以应用于多种出入管理的场景。例如，在办公楼中，员工可以通过人脸识别设备，快速进出大门，不用门禁卡或密码；在公寓楼中，住户可以通过人脸识别设备，方便地进入自己的住所，不用携带门禁卡或钥匙。

另外，人脸识别技术还可与其他智能设备相结合，实现更加智能化的出入管理。例如，在智能电梯中，通过人脸识别技术，可以识别乘客身份，自动调整电梯运行的方向和速度，提高电梯的利用效率和安全性。此外，还可以结合智能停车场系统，通过人脸识别技术，实现车辆进出场的自动识别和管理，提高停车场的使用效率和安全性。

2. 物品存取

人脸识别技术在智慧楼宇中的另一个应用场景是物品存取管理。传统的物品存取管理方式往往需要使用门禁卡等物理凭证进行验证，但这种方式存在一些弊端，如卡片被盗用、遗失等，而采用人脸识别技术，可以有效解决这些问题。物品存取管理系统可以预先录入员工的人脸信息，当员工需要进入物品存取区域时，系统会自动识别员工的人脸，并进行身份验证；当员工需要存取物品时，系统也可以自动识别员工的人脸，并记录下存取物品的时间和员工的身份信息。

此外，人脸识别技术还可以应用于快递包裹领取等场景。当有快递包裹到达楼宇时，快递员可以使用系统内置的摄像头进行人脸识别，并自动识别出该员工是否有领取快递的权限。这样，可以有效减少快递遗失或被盗的情况，提高了物品存取管理的安全性和效率。

3. 设备租借

人脸识别技术在智慧楼宇中的应用场景之一是设备租借管理。在传统的设备租借中，通常需要人工登记租借人的信息，然后通过人工核对租借人的身份证明和联系方式，来进行设备租借的确认。这种方式不仅浪费人力资源，而且容易出现信息不准确或伪造身份证明等问题。

而利用人脸识别技术，可以实现智能化的设备租借管理。具体来说，当租借人进入设备租借区域时，系统可以通过摄像头对其进行人脸识别，并自动将其身份信息和相关的租借记录进行匹配、核对。如果身份信息与租借记录一致，系统会自动打开设备存取柜门，让租借人取出设备；如果身份信息不一致或存在问题，系统会自动拒绝设备租借，并记录相应的异常信息。

通过使用人脸识别技术，智慧楼宇可以实现设备租借的自动化和智能化管理，提高设备租借的效率和安全性，并减少人力资源的浪费和管理成本。

4. 消费支付

在智慧楼宇中，人脸识别技术可以用于身份验证和消费支付。当业主或租户进入楼宇时，系统可以通过摄像头采集其面部图像，并将其与已存储的人脸信息进行比对，以确保只有授权的人员才能进入。在进行消费支付时，用户只需将面部对准识别设备，系统会自动识别用户的身份，并将支付信息发送至后台进行处理，完成支付。

相较于传统的支付方式，人脸识别技术可以提供更高的安全性和便捷性。其一，通过人脸识别技术，可以避免身份信息被盗用或伪造，降低支付安全风险。其二，消费者不需要携带任何支付工具，只需通过面部识别即可完成支付，提高了支付的便捷性和效率。此外，由于人脸识别技术可以自动完成身份验证和支付过程，大大缩短了等待时间，提高了用户体验的满意度。

5. 楼宇安防与异常报警

在智慧楼宇中，可以将人脸识别技术应用于门禁系统中。当住户或员工需要进入楼宇时，只需要站在门禁设备前，系统便可自动识别其身份，如果是合法用户，门禁系统会自动打开门禁，让用户进入；如果是非法用户，门禁系统则会自动报警，提醒保安人员进行处理。

6. 特殊人群关照

考虑到智慧建筑中部分用户为残障人士、孕妇、儿童、老年人等社会弱势群体，容易出现各类突发疾病等安全状况，存在安全隐患。因此，需要将人脸识别技术拓展至关照特殊人群的应用场景中，基于人脸特征信息识别结果，来记录登记在册的特殊人群的居家/出行状态，在非接触性、非侵扰性的前提下，对特殊人群进行跟踪监管，在检测到特殊人群出现跌倒、长时间静止不动等异常状况，或者长时间未记录特殊人群的门禁出入信息时，由物业人员前去查看身体状况或上门探望，在必要时，联系用户预留的应急联系人和医疗机构，及时处理突发问题，避免问题恶性发展。

7. 楼宇对讲

在早期建成的建筑工程中，受到技术水平的限制，楼宇对讲系统普遍采取语音对讲方式，用户通过辨别访客声音特征来判断身份，其判断精度较差，存在安全隐患，偶尔出现非法人员模拟用户亲属、朋友的声音闯入用户住宅，引发安全事件。而应用了人脸识别技术的楼宇，其对讲系统采取全新的、彩色的、可视的对讲方式，在显示屏上实时显示智慧楼宇出入口门禁处的访客视频图像及访客的身份信息，可以帮助用户确定访客的真实身份，出现访客身份异常时，用户可以使用智慧楼宇系统的联网功能，向安全人员发送报警信号，以保障用户的人身安全，及时消除安全隐患。

8. 签到考勤

在智慧办公楼宇中，在楼宇出入口放置人脸考勤机，在系统中导入员工的身份信息与面部特征信息。如此，员工可以直接通过人脸考勤机面部识别而自动签到、打卡，当系统未在约定的时间内接收全体员工的签到考勤信息时，自动向用户反馈异常考勤信息，便于人力管理工作的开展，杜绝代签到问题的出现。同时，考虑到部分用户指纹磨损严重等情况，应用了人脸识别技术的考勤系统，还能解决这类用户无法通过指纹识别等生物识别技术而确定身份的技术难题。

（二）智慧楼宇中的人脸识别过程

1. 人脸图像采集检测

在智慧楼宇人脸识别系统运行期间，远程控制在楼宇出入门禁、电梯、消防楼梯等部位安装的摄像头，对过往人员的人脸图像进行跟踪拍摄，并拍摄、获取动态图像和静态图像，调整前端摄像头的角度位置，来跟踪拍摄目标对象，避免因拍摄角度、头发遮挡等因素影响，而无法从图像信息中提取有效、全面的面部特征信息。随后，进入人脸检测环节，在人脸图像资料中标定目标对象的人脸位置，筛除无用数据，从中提取结构特征、直方图特征、Haar 特征等关键信息，采取 AdaBoost 学习算法，从提取的关键信息中挑选组合形成人脸矩形特征等的弱分类器，再由一定数量的弱分类器共同组成处于层叠结构状态的强分类器。

2. 人脸图像信息预处理

在智慧楼宇中，人脸识别是通过计算机视觉技术实现的，其过程可以分为三个主要步骤，即预处理、特征提取和匹配识别。

预处理是人脸识别中非常重要的一步，主要包括以下几个方面：

①人脸检测。先要对图像中的人脸进行检测，即找出图像中人脸所在的位置和大小。

②人脸对齐。由于人脸在不同的角度和光线条件下会有不同的表现，因此需要对人脸进行对齐，使得人脸图像具有一定的标准化，有利于后续特征提取

和匹配识别。

③图像增强。为了提高人脸图像的质量，需要对其进行一定的图像增强，如去除噪声、增强对比度等。

④图像裁剪。为了提高人脸识别的准确率，需要将人脸图像从背景中分离出来，并进行适当的裁剪，使其只包含人脸部分。

3. 人脸特征提取

在智慧楼宇中，人脸识别是一种常见的技术应用，它通过计算机对摄像头拍摄到的人脸进行特征提取和比对，从而实现人员身份验证或识别。其中，人脸特征提取是实现人脸识别的重要步骤之一。人脸特征提取是将人脸图像中的特定信息提取出来，形成一个数字化的人脸特征向量，通常使用的算法是基于深度学习的卷积神经网络。具体而言，其步骤可以概括为以下几个方面：

①人脸检测。先要从摄像头采集到的图像中检测出人脸，这通常采用 Haar 级联分类器、HOG+SVM、人脸关键点等技术来实现。

②人脸对齐。为了保证提取的人脸特征具有可比性，需要将检测到的人脸进行对齐，一般通过关键点对齐、仿射变换等技术来实现。

③特征提取。对于已经对齐的人脸图像，通过深度学习模型提取人脸特征向量。对于深度学习模型的训练，需要大量标注数据和计算资源，通常采用开源的预训练模型或者自行训练。

④特征比对。将采集到的人脸特征向量与已有的特征库中的人脸特征向量进行比对，根据相似度进行身份验证或者识别。比对算法包括欧式距离、余弦相似度等。人脸识别技术已经在智慧楼宇中得到了广泛应用，其核心是通过计算机对人脸图像进行特征提取和比对，从而实现身份验证或者识别。在人脸特征提取方面，深度学习模型成为主流技术，其优化算法和模型结构在不断完善。

4. 身份识别系统

智慧楼宇中的人脸识别技术常用于身份识别系统，可以通过对人脸图像的处理和比对，来实现对不同人员进行身份识别。一般的人脸识别系统，在应用时有以下几个步骤：

①采集人脸图像。在智慧楼宇的入口、出口、电梯等位置安装摄像头，实时采集进出人员的人脸图像。

②人脸检测。采集到的图像需要经过人脸检测算法处理，从图像中检测出人脸区域，这是后续处理的基础。

③人脸对齐。人脸对齐是指将检测出的人脸图像进行旋转、缩放等变换，使得所有的人脸图像具有相同的特征尺寸和方向，以便后续处理。

④人脸特征提取。利用人脸识别算法，对人脸图像进行特征提取，将人脸图像转化为一个特征向量，这个特征向量可以表示该人脸的唯一特征，从而实现身份识别。

⑤人脸比对。将采集到的人脸图像特征向量与数据库中存储的特征向量进行比对，找出相似度最高的特征向量，从而识别出人员的身份。

⑥身份确认。通过比对结果，确认当前人员的身份，并进行相应的授权或限制。需要注意的是，智慧楼宇中的人脸识别系统应用，应考虑数据安全和隐私保护，不应将采集到的人脸图像直接上传到云端进行处理，而应在本地进行处理，并严格限制可访问人员的范围。

三、通信自动化系统的应用

随着科技的不断进步，智慧楼宇已经成为未来建筑行业的发展趋势，而通信自动化系统的普及和发展，进一步促进了智慧楼宇向专业化、数字化转变。

（一）通信自动化系统的含义

智慧楼宇中的通信自动化系统，一方面是实现楼宇、小区内部的信息传递，另一方面是实现楼宇、小区与其外部的通信网络相连，方便用户通过通信自动化系统获取信息，并进行加工处理。

通信自动化系统的内容包括以下方面：

（1）固定电话通信系统，包括楼宇内用户的固定电话对讲系统中的可视电话服务。

（2）无线通信系统，主要指为楼宇工作人员提供的无线对讲系统，包括选择呼叫和群呼功能。

（3）电视通信系统，是指为楼宇用户提供数字电视服务的技术系统。

（4）无线网络系统，是指通信自动化系统随着科技进步衍生出的为楼宇用户提供无线网络的服务，无线网络系统不仅能使用户获得更加快捷、有效、安全的通信自动化服务，而且不受语言文本、图形、图像和数据等限制，还能方便楼宇工作人员的办公自动化，使信息处理更加迅速，能够对瞬时发生的紧急事件及时做出处理。

通信自动化系统在智慧楼宇中的应用，应根据不同的楼宇类型和用户定位，在方便楼宇个性化建设和用户个人信息安全管理方面，进行智能的本土化方式转变，以适应不同楼宇的智能化建设和不同用户群体的需要。

（二）智慧楼宇的通信自动化系统及其运用

1. 交互式网络电视

交互式网络电视（IPTV）是通过家用型电视机连入互联网，为其提供多样化的多媒体服务。通信自动化下的网络电视服务，不仅是获取电视节目，用户还可以根据其个性化需要在电视上进行检索，获得自己想要的电视内容。相比数字电视而言，交互式网络电视使得用户在内容选择上更加自由，能够更加准确、完整地追踪用户的需求，从而根据互联网大数据的整合，为用户提供人性化的服务。

当前，随着技术的不断发展，交互式网络电视要不断根据用户需求的转变和智慧楼宇的飞速发展，以宽带技术的更新换代为依托，不断改进自身的缺点，减少技术的局限性。

2. 基础数字技术

基础数字技术是指数据传输编码技术在计算机上的表现，其在智慧楼宇中的运用，主要是楼宇对讲系统、智能视频监控系统和办公自动化系统等。基础数字技术的发展和普及，极大地促进了智慧楼宇的发展，简化了信息的加工处理过程，使上传、下达更加简洁、明确，减少了信息在多环节不断传递中出现失真的情况，提高了智慧楼宇工作人员的办事效率。同时，智慧楼宇工作人员在应用基础数字技术时，也能发现其中的不足，在一定程度上促进了基础数字技术的更新换代。因此，基础数字技术在智慧楼宇中的应用是合作双赢的，既能提高信息处理的能力，又能激发基础数字技术的创新能力。

3. 宽带技术

在智慧楼宇建设中进行基础设施设计时，光纤铺设和设计是其中的重要部分。光纤是宽带技术的主体，宽带光纤技术具有传播速度快、承载容量大、传播范围广的特点，在当今信息技术飞速发展的情况下，是实现快速、高效、可持续进行信息传播和下载的最好选择。

在智慧楼宇中，宽带技术是实现通信自动化的基础，但它在使用过程中，还存在一些弊端，如影响楼宇内互联网设施的使用，制约信息传播和处理的速度，导致工作人员难以对突发事件做出及时反应，还会对用户的日常生活和娱乐产生影响，降低用户的满意度，从而影响智慧楼宇的发展。因此，通信自动化应用于智慧楼宇时，应格外注意宽带技术运用的安全问题，需要不断发展、提高自身的技术和水平，提高应对宽带技术突发状况的紧急处理能力。

4. 软件技术

软件技术在当今智慧楼宇建设中的应用十分普遍，主要是指智慧楼宇管理人员与第三方服务商合作，根据楼宇和、小区的要求和用户的具体情况，开发的智能个人终端。该终端的开发，使得楼宇的管理者更方便对小区的基础设施等进行管理，加强楼宇管理者与用户的联系，进行用户意见和建议的收集等。管理人员可以及时了解楼宇各处的情况，如查看消防设施摆放是否安全、小区监控是否存在死角等。

软件技术的应用，极大地便捷了智慧楼宇的管理，能够确保小区管理信息及时、准确地传递给每位用户，在突发事件发生时，能够及时反应、及时处理，增强了智慧楼宇的安全系数。

5. 多功能SIM卡

多功能SIM卡主要指的是两种SIM卡，即第三代的USIM卡和RF-SIM卡，这两种SIM卡的具体功能不尽相同，都是随着科技发展和用户需求而转变的。

USIM卡采取平台与应用分离技术，其功能逐步向移动应用转移，使用该卡的用户需下载对应的智能个人终端，管理者通过获取用户的通信记录，对其进行用户匹配。同时，该终端还具有相应的电子存取款、电子支付和电子票证等功能，在方便智慧楼宇用户进行楼宇和小区内部事务安排、统筹的同时，还可以为用户的日常生活提供方便。

RF-S1M卡是集成无线射频技术，可以在相对中近距离的情况下，实现无线通信的一种手机智能卡。使用该卡的用户，可以在智慧楼宇内的任意位置，实现全感应门禁刷卡和远程支付等功能。

6. 云计算

云计算功能是指大量收集用户信息，利用大数据分析用户偏好，并根据用户需求，分别制定个性化服务的过程。通过云计算，不仅能及时满足用户的需求，提高用户的满意度，还能根据云计算对智慧楼宇监控系统进行完善升级。出于对智慧楼宇用户安全性方面的考虑，在设置监控系统时，往往要拥有数量庞大的监控视频和数据，人工分析、整理这些数据难免费时费力，因此通过云计算大数据的整理、分析，可以迅速、有效地将积压的视频数据文件进行分析、整理，从而合理地安排监控设备的位置和数量。

四、应用案例

（一）工程概况

某在建的一栋办公楼项目由地面23层及地下3层组成，该项目位于福建省厦门市思明区，为剪力墙结构，总建筑面积约8.1万 m^2，建筑高度为99.9 m，楼层建筑面积为1 600～3 200 m^2，设3层埋深为13.5～13.6 m的地下室。结合公司实际及项目位置特点，充分考虑写字楼的发展趋势，该栋办公大楼依照1个中心、2个平台、6大系统、N项业务接入整体规划实施。

（二）智慧功能描述

1. 应用控制系统

该办公大楼将可视化管理平台作为应用控制系统，把智能建筑中各运行支撑系统（门禁设施、智能监控等）集中连接到一个可视化管理系统上，进行集中的监视、控制和管理，将复杂、分散的各子系统集中化。

2. 信息设施系统

（1）一码通管理。提供多样化的身份认证方式（人脸识别、二维码、IC卡），支持统一的识别方式，提供开放、快速的搭建应用。该管理系统可与电梯控制系统对接，实现进入办公楼的人员活动轨迹可溯，进出大楼访客使用一码通无须反复登记。

（2）门禁、访客系统。访客到访大楼时，可通过该门禁系统发起访客预约、访客二维码识别通行、参观接待等智能流程，完成人员的进出。门禁支持人脸识别、二维码、IC卡等多种方式，人脸识别可实现多种功能，实现无感进出。同时，门禁、道闸与电梯联动，可实现自动派梯功能。

（3）智能停车系统。停车系统由车辆识别入场、车位引导、反向寻车、无感支付等功能组成，通过手机停车系统小程序，实现进出均可定位导航寻车、取车，还可进行车辆识别及车牌检测，确保顺畅通行。

（4）智能会议系统。一是通过公众号登录会议管理系统，方便下单预约会议室，可通过 App 将账单和电子发票发送给用户；二是通过会议室指示屏，直接显示所在会议室的使用情况；三是参会人员在会议室门口签到，会议系统可自动打开门禁，并启动室内设备等；四是在会议结束后，在无人的情况下，会议系统可自行、及时关闭室内的所有设备，以节省能源；五是用科技实现办公资源的智能化管理，如人脸识别签到、无纸化会议记录等。

（5）背景音乐及公共广播系统。可满足一般的背景音乐使用等功能，并能满足在紧急情况下，将背景音乐使用功能与消防紧急广播功能的自动切换。

3. 公共安防系统

（1）网络视频监控。配置视频监控系统，支持设备存储，可与公安部门的“雪亮工程”联动，防范陌生人徘徊、尾随，提高预知风险的效率。

（2）入侵报警系统。其包含可视化布防图和报警信息、实时监控系统线路，确保楼宇处于安全状态，实现多种防护体系的共同保护。当出现入侵或紧急事件时，系统自动进行语音提示，立即启动应急预案。

（3）电梯安防智控。电梯可实现五方通话功能，并在道闸与门禁之间实现派梯联动。

（4）巡更系统。将预设的巡更路线融入物业系统，通过智能手机巡检系统，实现巡检工作可跟踪、管理更方便。此系统可提高巡检工作效率，降低出错概率，杜绝巡检作假行为。

4. 消防系统

将安防系统与消防系统联通，可及时启动应急预案。每当办公大楼内的火灾探测器探测到火灾信号时，能自动切除报警区域内的空调，并关闭管道上的防火阀。一旦出现消防栓、灭火器、消防通道被移动、被堵塞等不符合消防要求的情况，立即报警。

5. 设备管理系统

（1）机电设备全生命周期管理系统。对水泵、新风系统等进行全生命周期保养，其中，维护保养是根据设备需要，制订科学的维保计划，采取巡检分配方式，对设备运行状态进行实时监测，发现问题后及时处理，逾时预警。还可通过数据分析，对基础数据进行管理，并对设备进行能耗等方面的分析，也可作为更换设备等的参考依据。

（2）能效智控系统。

①智能环境控制系统，通过对办公大楼内部的温度、湿度和空气等进行监测，根据设定的最佳方案对空调、照明、新风系统等进行智能化匹配。

②能耗监测管理系统，对数据进行采集分析，建立能耗模型，以优化策略，并实现建筑物能耗系统的全参数、全过程集中管理和控制，实时监测能耗用量数据，当出现系统故障和能耗异常时，可实现自动预警。

③智能照明系统，当停车场智能照明应用启用时，在无车环境下照明亮度为30%，在人车进入停车场时照明调整至正常，当停车人离开后亮度恢复为30%。在楼宇公共区域，照明控制采用环境亮度自动感应调节与人体感应双模式。在会议室内，采用照明、窗帘、投影仪多模式一体化控制方式。在办公区域内，实现手机预约及远程控制照明、窗帘等。

（三）功能应用分析

1. 应用控制系统

对于控制系统的具体应用而言，主要从可视化管理平台应用入手，将智慧功能融入控制系统中，再利用“物联网数据网关+IBMS集成+可视化运维管理平台”的方式，实现系统智慧化控制。该方式的主要优势和特点有以下几点：

（1）可以通过物联网数据网关，将各类通信整合统一。

（2）通过IBMS集成，形成统一的控制和运行数据库。

（3）以图形化界面，实现用户对各种应用功能的操作。

（4）通过可视化智慧平台，形成领导驾驶舱数据看板。

（5）通过物联网和 IBMS 平台，提供数据，形成三维可视化展示。

2. 信息设施系统

信息系统要融入智慧功能，可以从以下几个方面进行：

（1）一码通管理应用。使用一码通控制“平台软件+速通闸+人脸识别模块+门禁”等硬件支撑体系，即在地下 1～3 层的电梯厅门口设置“二维码+人脸识别+刷卡”系统，在 3 层办公大堂设置“人脸+二维码+刷卡”系统。

（2）门禁及访客系统应用。按照“二维码+人脸+刷卡”的方式，综合考虑、设置门禁识别系统，并满足预约等功能。通过电梯开放协议，在识别人员身份后，自动派梯到目的楼层。同时，在 3 层大堂闸机上接入热成像仪等防疫设备。

（3）智能停车系统应用。使用“智能停车管理系统+平台集成+手机”等移动端小程序，通过可视化平台集成和现场深度采集，即采用车辆出入口视频与闸机起落频率来统计，实现峰值和高峰拥堵查询，并可支持手机小程序查询。停车收费系统支持各种网络支付，可远程或通过网络预约车位等。此外，智能充电桩通过协议接口集成至可视化运维管理平台，实现远程监控。

（4）智能会议系统应用。使用“IBMS 集成+可视化运维管理平台+硬件支撑”系统，实现会议管理智能化，不仅可通过 IBMS 集成会议室，管理子系统和企业办公 OA 系统，实现微信小程序会议预约管理和使用，而且可以配置会议签到硬件支撑系统，支持人脸签到和二维码签到，并在会议室内设置人体感应装置，在人员离场后关闭会场内的所有设备，实现资源节约。

3. 公共安防系统

除了控制系统和信息系统外，办公建筑的安防系统也非常重要，在将其融入指挥功能的过程中，可以从以下几个方面来考虑：

（1）网络视频监控应用。通过“数字监控+AI 分析+公安联动接口”的方式，实现网络视频监控功能。对于地下各层电梯厅至 3 层的各个外部出入口（含室外区域），均考虑使用高解析的 1 000 万像素级的视频监控，并配置 AI 分析功能，在监控中心预留公安部门的“雪亮工程”联动接口。在智能化总控中心，通过集成，实现安防和消防的联动。

（2）入侵报警系统应用。设置“网络式入侵报警+紧急求助系统”，应考虑在各层卫生间、残障人士卫生间等设置有语音功能的紧急求助按钮。在首层各临街窗户上配置玻璃破碎报警探测器；在重要的展厅配置“红外+移动”双鉴探测器；在智能化总控中心设置报警管理平台和工作站，并与 IBMS 平台集成，通过可视化运维平台实现报警与视频、门禁等多方联动。

（3）电梯安防智控应用。设置“电梯五方通话布线+大堂速通门电梯预分配+地下室派梯联动智控”，实现地下室电梯厅的人脸识别门禁与派梯联动，并在 3 层大堂内的人脸识别闸机上配置电梯预分配显示屏，采用智能化总控中心配置“电梯控制系统服务器+工作站”，集成到 IBMS 平台，结合可视化运维系统，实现综合管控。

4. 设备管理系统

在设备管理方面，必须保证建筑能正常使用，在此基础上设置机电设备全生命周期管理系统应用，可以采用“楼宇设备控制 BAS 系统+IBMS 集成+可视化运维管理”及能效智能控制系统，对整个办公楼进行设备、系统的控制与管理。在楼宇设备控制 BAS 系统内，完成对大楼内各机电设备的远程监控，并通过 IBMS 集成后，运用可视化平台，实现设备的生命周期管理。而可视化运维管理是通过设备台账的建立，实现设备的全生命周期管理。利用智能环境控制系统应用分析，在办公楼的地下室至顶层各公共区域设置环境探测器，并将数据集成到 IBMS 平台，再通过可视化运维端，实现数据显示和数据分析。此外，通过接口集成用电系统，实现用电异常报警，为此，要考虑将采集点分布至各楼层的总箱。

智慧办公大楼是一个系统工程，不是简单的各个硬件子系统自成体系，而是将所有子系统融合在一起，通过软件与硬件相结合，实现各个系统、网络的真正融合，让建筑具有高度的安全性和便捷性，建筑不再是单一、简单的区域，而是一个垂直的生态区域，让生活和办公变得更美好。

第五章 智慧楼宇管理系统的应用

为了应对社会发展出现中的各类问题，实现生活更加便捷、环境更加友好、资源更加节约的可持续发展，已成为社会发展的必然趋势，应运而生的智慧楼宇则是重要的载体之一。

第一节 智慧楼宇在商业办公中的应用

一、商业大厦楼宇智能化需求

（一）系统需求分析

1. 用户主体分析

楼宇智能化得到越来越多人的关注，一项关于楼宇智能化用户普及率的调查结果显示，25～40 岁人群的智能化普及率达到了 38.4%，这表明，年轻人更愿意接受智能化、信息化的事物，更符合社会的主流趋势。在智慧楼宇建设方面，从调查结果可以看出，更多人愿意接受楼宇的智能化建设方案，占到被调查总人数的 61.7%。从目前的智慧楼宇推广范围来看，加上大数据的支持，预计在未来很短的时间内，智能化、现代化、科技化的楼宇建设与利用，会呈现上升的趋势。

2. 便利性与安全性分析

对楼宇进行智能化改造，不仅能为居住在其中的业主带来方便，而且能给使用楼宇的客户提供许多便利。智慧楼宇在给人们带来方便的同时，在很大程度上推动了智能化家居的发展，也可给管理提供了更加便利条件，楼宇的安全性得到很大改善。

3. 问题与对策

对于智慧楼宇来说，在近几年发展迅速，这主要得益于建筑领域的智能化普及，并得到了市场的认可，但在智慧楼宇建设中，也出现了一些亟待解决的问题，这与预期存在一些偏差，主要有以下几点：

（1）智慧楼宇在整个建设过程中，有很多应用标准无法统一，若只追求应用的功能，而去效仿其他领域的应用布局及功能性，则会使整个体系出现问题，进而导致需求无法完全满足，对应的安全性也遭到破坏。

（2）在整个系统运行的过程中，会涉及很多系统内容，它们可能是由不同的系统集成商所提供的，因此在同时运行这些系统时，就可能出现不一致的情况，甚至导致整合错误的出现。

（3）在智慧楼宇中，有很多功能点需要进行管理，这就导致各分管部门对其管理的难度加大，无法形成一个统一的约束监管机制。

（4）财务账目系统是智慧楼宇最基础，也是至关重要的一个方面，其中存在的问题也是亟待解决的。目前，在智慧楼宇建设中，没有形成比较完备的安全解决方案，且在智能系统中还存在一些安全隐患，可能会遭受木马及病毒的威胁，甚至会造成重要数据的丢失。

针对上述问题，经过对多个智能场所的考察和研究，相关专家提出了智慧楼宇设计中存在问题的解决方案，具体包括以下方面：

（1）以智慧楼宇建设中存在的主要技术、方案和理论为基础，并以各管理环节涉及的内容为关键点，来引出其体系架构。

（2）在对智慧楼宇整个系统的需求进行分析后，针对系统部署中涉及的安全性、稳定性和功能性进行阐述，让其为智慧楼宇建设提供强有力的支持。

（3）基于对智慧楼宇的全面分析，及其所阐明的需求，利用计算机软件设计需要的理论知识，对整个智能系统进行总体框架设计和各个子系统的设计与研究。

（4）以子系统为突破口，分析智慧楼宇的应用功能是否达到了预期目标，能否实现与其他子系统的交互对接，并证实其智能管理的有效性与实用性。

4. 功能需求分析

（1）支撑系统平台。在智慧楼宇系统中，有很多配套系统与之进行协同工作，以此来维持整个系统的运行。

（2）子应用系统。在整个智慧楼宇系统中，创建了各子系统的需求数据流，对其中用到的数据库、LED 灯等功能需求，进行了较为详细的记录。

（3）第三方系统。智慧楼宇系统要做到的不仅是完成各子系统的创建，还要对各子系统进行有效衔接，最大化地实现各子系统、各模块的良好交互，最终的目的是实现各项系统的稳定、安全运行，以及资源的共享。

智慧楼宇所有的数据交互及分享都要通过智能化中心作为中转站来传递，所以必须对其加强安全防护，使用安全防火墙，用前置机来承担部分保护责任，并使用最新的 VLAN 技术，确保其可靠、安全。

首先，要考虑各种因素，包括经常涉及的网络架构、终端运行等管理手段。

其次，避免出现轻管理、重技术的倾向，特别是要注意管理过程中出现的问题，制定应急预案。

最后，紧跟时代的发展步伐，不断修补系统漏洞或者进行系统升级，采用可靠的、先进的防护技术，提高系统的安全性能。

二、系统适用性分析

（一）系统概述

以智能灯光系统为主体，将数据库涉及的各种技术进行深度融合，做到应用与数据的完美结合，提高数据利用率及安全性，切实保障智慧楼宇应用的安全运行与管理。该系统最大的特点是操作简单、功能丰富、运用灵活。

（二）智能化技术在商业大厦管理与应用中的优势

1. 在自身技术方面

楼宇智能化系统与传统技术系统相比，具有成本低、技术含量高、操作简便、数据安全性保护力度大，且具有可靠的稳健性和可用性等特点。

（1）保密安全性要好。楼宇智能化系统需要在 WEB 上实现，必须杜绝网络安全隐患及木马威胁，避免楼宇智能化与管理系统平台中重要数据被破坏、被盗窃。此外，楼宇智能化系统的应用，需要与电网系统绑定，并根据需求，实现二者间的数据处理和交换，且要互相隔离。

（2）要有大容量的存储能力。在楼宇建筑中涉及多个部门，如后勤部门、物业部门及业主，一个楼宇智能化中心就有两万人左右的流量，每日就会形成十万多条记录，要求楼宇智能化系统拥有巨大的数据库和存储空间。

（3）响应速度快。在楼宇智能化与管理中，要有能在短时间内做出反应的系统，以满足楼宇建筑及高服务响应的需求。因此，楼宇智能化系统数据接口应更加规范、可靠，所采用的读写网络应更快速。

（4）系统要有较好的稳定性。系统在长时间不间断的运作当中，对于存放所有系统数据的服务器来说，要具备全天候工作的能力，所以要确保软件和硬件的安全、可靠。

（5）楼宇整体的自动化程度要更强。由于要从普通楼宇向智慧楼宇转变，在服务器数据库中存放的大量数据及相应的业务，就要由智慧楼宇来处理，因而很大一部分工作要以自动化的方式来完成，对于楼宇管理的自动化程度要求较高。

（6）容易操作管理。楼宇智能化系统涉及整个楼宇建筑，其中，一部分系统的应用人员不是拥有计算机操作技能的专业人员，因此系统在设计时要考虑到这个情况，进一步简化操作页面，便于楼宇的智能化与管理。例如，对于楼宇管理运行中的数字切换工作，主要依靠智能 LED 系统进行单元分段切换，并采用当下流行的电子感应等技术，再加上相应的电磁调压方式，对楼宇整体的供电情况进行全天候的实时跟踪，平稳地对电压、电流进行微调，确保信息采集、信息传送、监控指令运行等工作的顺利进行。

楼宇智能化系统涉及的领域及运行方案主体较多，通常包括楼宇控制系统设备运行中的各个元件、单元等，主要采用结构简单的网络及数量较少的设备，拥有楼宇控制体系运行数据及信息及时共享的特点，能够为智慧楼宇提供更为详尽的数据分析。智能保护装置借助先进的电磁调压及电子感应技术，以及各控制模块动态范围大、性能适应性强等优点，能减少楼宇运行中的故障问题，改进传统楼宇的控制方法，为楼宇的智能化运行提供了依据。

2. 在社会效益方面

（1）节约能源。传统的建筑设计对资源的消耗较大，能源浪费较多，尤其是在建筑的前期设计阶段和后期施工建设阶段。传统建筑在建设中以工程投资资金回收为重点，几乎不会将节能目标考虑在内，所采用的建设技术及施工材料在一定程度上造成了建筑资源的浪费。而将智能化方案及科学技术运用到楼宇建设中，就可以实现资源的大量节约，减少浪费。

智能技术在楼宇中应用具有实用价值和环保价值，能够降低传统建筑的资源浪费。其中，楼宇系统在规划设计时，将与周围环境的和谐共存作为第一要素，选择科技化的施工手段等，均可减少楼宇系统运行过程中涉及的人力、物力和财力，能够提高用户的满意度，因此得到更多人的认可和支持。

（2）可持续发展。智能技术在楼宇中的应用，将可持续发展作为一切工作的原则和宗旨，在楼宇系统构造的过程中减少了能耗，节约了水、电、热，这对于保护人们的健康、提高生产力，具有重要的促进作用。因此，智慧楼宇项目不仅可以通过制定节能环保、可持续发展的规划方案，而且可以通过对楼宇进行合理改造及高科技投入，来推动楼宇项目的不断发展，最终实现智慧楼宇的全面发展。

（3）绿色、智能建筑一体化。智能建筑是以保证人们的生活起居和建筑外环境，实现便利、高效、环保为理念，并结合人们的需求，将建筑服务与管理进行统筹规划、择优组合在一起的。智能建筑与绿色建筑具有异曲同工之妙，所以我们要开动脑筋，将二者进行有机整合、相互借鉴、取长补短，这不仅能让人们在享受便利、舒适的生活、办公和娱乐的同时，还可以亲近自然，从而实现现代智能和绿色生态之间平衡。

三、办公楼智慧楼宇发展现状与趋势

随着人们对办公环境质量和办公效率要求的不断提高，智慧楼宇逐渐成为办公楼行业的发展趋势。在当前的办公楼市场，智慧楼宇逐步普及，并得到越来越多企业的认可。以下是办公楼智慧楼宇发展现状、趋势及其相关内容概述：

（1）现状。目前，许多办公楼已开始向智慧化转型，逐步引入物联网、云计算、大数据和人工智能等技术，通过综合管理平台，进行楼宇的智能化管理。智慧楼宇通过实现设备自动化、数据共享、场景智能化等手段，为企业提供更加安全、高效、舒适和智能的办公环境。

（2）趋势。未来，办公楼的智慧化将进一步发展，主要体现在以下几个方面：

①数据共享。通过物联网、云计算等技术手段，实现设备数据的共享和分析，从而为企业提供更精准、更高效的服务。

②场景智能化。通过 AI 技术，让智慧楼宇自主感知环境、场景和人员等因素，进而实现自动化、个性化服务。

③人机交互。在智慧楼宇中，将出现更加智能、自然和便捷的人机交互方式，如语音识别、虚拟现实和手势识别等技术。

④生态合作。未来，智慧楼宇将更加注重生态合作，通过跨行业、跨领域合作，提供更加全面、多元的智慧化服务，这也将促进智慧楼宇产业的生态化发展。

四、办公楼智慧楼宇的主要技术分析

目前，办公楼智慧楼宇建设主要涉及的技术有人工智能、物联网、大数据及基础网络设施。其主要过程为：各类软硬件等基础设施通过物联网技术，将采集到的数据信息，通过大数据相关技术进行处理，并利用人工智能算法实现应用场景。

五、办公楼智慧楼宇建设及应用对策

本文统筹规划办公楼软硬件设施，并借鉴其他知名企业的经验，提出了“1+2+3+N”的智慧楼宇框架，使用“平台+应用”的架构模式，打造数据分析生态，并根据楼宇的现实场景需求，打造丰富的系统应用，且通过通信网络系统，将各系统进行有机综合，集结构、系统、服务和管理于一体，使建筑物具有安全、便利、高效和节能的特点。

（一）“1+2+3+N”智慧楼宇框架

“1+2+3+N”智慧楼宇框架是指“一张平台+两个系统+三个网络+N 个场景”。其中，一张平台，即“大脑”，负责数据的汇聚、管理、分析和决策；两个系统，即智能建筑系统和智慧社区系统，前者主要针对建筑设施进行管理，后者主要针对人员、业务和服务等进行管理；三个网络，即设备网络、信息网络和应用网络，设备网络负责各种设备的联网互通，信息网络负责数据的传输和共享，应用网络负责各种智慧应用的开发和应用；N 个场景，即根据不同的应用场景，开发不同的智慧应用，如智能安防、智能能源管理和智能停车等。该框架以“大脑”平台为核心，通过智能建筑系统和智慧社区系统的支持，通过设备网络、信息网络和应用网络的互联互通，构建一个智慧楼宇的全方位管理系统，实现智慧建筑的全面升级。

（二）智慧楼宇数据结构

智慧楼宇数据结构是指智慧楼宇系统中用于管理、存储和处理数据的方式和结构。智慧楼宇系统涉及的数据包括各种传感器、设备、用户和能耗等信息，而这些数据往往需要被高效地管理和分析，以实现楼宇的智能化管理。因此，智慧楼宇数据结构需要设计出合理的数据模型和数据存储方案，并提供可靠的数据接口和查询方式，以便应用程序能够方便地访问和利用这些数据。同时，智慧楼宇数据结构也需要考虑数据的安全性和隐私保护等问题，确保楼宇数据的安全可靠。智慧楼宇数据结构应该是能够持续演化的，随着技术的发展和应用需求的变化，而不断进行更新和优化。

（三）智慧楼宇智能应用

随着信息技术的不断发展，智慧楼宇作为一个智能化、信息化的新概念，已经成为城市化进程中不可或缺的重要组成部分。智慧楼宇智能应用是智慧楼宇建设的核心，旨在提高楼宇使用效率、降低能耗、提高舒适度和安全等方面的体验。

智慧楼宇智能应用包括但不限于以下几个方面：

（1）智能节能管理。通过采用智能节能技术，将楼宇的能耗水平降至最低，提高能源利用效率，从而降低楼宇运营成本。

（2）智能安防管理。智慧楼宇应用智能安防管理系统，通过高清视频监控、门禁管理和消防监测等手段，实现全方位的安防监管，有效提高楼宇的安全性。

（3）智慧楼宇自动化。采用智能化的楼宇自动化系统，实现智能控制和智能调节，提高楼宇的运行效率和生产力。

（4）智能停车管理。通过智能停车管理系统，实现车位预约、导航和缴费等服务，提高停车效率，降低停车拥堵和车位空置率。

（5）智能公共服务。通过智慧楼宇系统的互联互通性，实现楼宇内公共服务的智能化管理，如电梯管理、空气质量监测和垃圾分类等。

（6）智能商业管理。通过智能商业管理系统，实现商业信息管理、客流量统计和智能化营销等功能，提高商业效益。

（7）智能大数据管理。采用智能大数据管理技术，实现楼宇内各类信息的高效存储、处理和分析，为楼宇运营决策提供支持。

总体来说，智慧楼宇智能应用的目的是通过数据、人工智能和物联网等技术手段的应用，实现楼宇的智能化、自动化、信息化和数字化管理，提高使用效率，减少资源浪费，提高服务水平，并促进城市的可持续发展。未来，智慧楼宇智能应用将会得到更加广泛的应用，为人们带来更加智慧、便捷、舒适的生活。

六、典型案例应用

（一）办公楼项目介绍

本文以济南市历下区某办公楼为例，进行相关的项目介绍。该办公楼总占地面积为 8 763 m^2，总体的建筑用地面积是 60 412 m^2，分为地下和地上两个部分。该项目地处某商圈的核心区域，项目的优势比较明显，很适合打造成集科技、休闲和办公于一体的综合体。项目总平面布局满足项目规划和相关法律、法规的要求，功能分区合理，可协调不同时段、不同分区的车流与人流的关系，努力打造环境优美、交通便利、设施齐全、功能完备的现代生活工作区。在规划区域时，充分利用地形特点及建筑群特性，进行合理的环境空间规划，以适应商务办公、生活居住和商业经营等要求。

随着智能技术的发展与应用，高层建筑楼宇中所用的感光技术、安保技术和消防技术等也得到了迅速发展，楼宇系统中所用的先进技术为高层建筑安全防范及远程控制提供了有利条件。本案例所设计的智能控制系统结合了房地产项目的整体智能化需求，对用户主体、系统设计目标等进行了详细分析。

1. 楼宇智能化设计原则

案例中办公楼宇智能化及应用子系统架构设计，遵循了实用性、先进性、高可靠性和开放性等原则，具体如下：

（1）实用性。需要结合系统应用单位的实际情况，如各管理部门人员的计算机水平、办公楼宇智能化各部门的职能等，还需要确保系统应用人员能够掌握基本的操作功能，切忌为了设计而设计。

（2）先进性。办公楼宇智能化在整体构架设计时，必须结合先进的技术，选用最具前瞻性的平台，选择安全、稳定的技术，避免系统出现问题。

（3）开放性。提出的办公楼宇智能化设计方案，要严格遵守国际标准化组织的技术标准，保证所采用的技术、构架具有较好的开放性，且方便实现数据共享，增强系统应用的稳定性。

（4）可维护性。所应用的办公楼宇智能化系统，除了构架、技术要符合国际标准之外，还要结合系统设计单位的实力，确保系统在测试、运行及后期应用中可靠、安全。

（5）协同性。构建一个全新的、能够满足高效协同工作需求的电子化流程，在保障系统设计企业的商业机密的前提下，可以建立一个相对完备的数据保护机制，让其能够更好地发挥特性，且能实现数据的共享，在保障信息的安全的同时，更好地完成相关的支持工作。

2. 指导思想

智能办公楼控制系统是一个集合的管理系统，其建设不仅包括新系统建设，还包括对楼宇建筑原有办公楼系统的升级改造，因此应遵循以下指导思想：

（1）先对系统的整体功能有所认识，然后对其设计进行详尽规划。

（2）规划整体设计方案，对其中的难点进行详尽分析，再根据规划完成分步实施。

（3）在计划成本范围内，要尽量保证用户的投资收益。

（4）在进行系统设计的过程中，可以将多种高新技术进行融合，以保证系统的良好运行。

（5）保证运行字符界面与用户界面的一致性。

（6）努力实现资源的有效共享，并达成各子系统之间数据交互的实时性。

3.系统的总框架

整个智慧楼宇系统主要是由以下系统组成的：

（1）综合布线系统。此系统主要是保障楼宇之间的各种通信及网络的连接，也是整个大楼的神经系统，主体布线以光纤和超六类网线等接入房间，进而提供相应的网络服务。

（2）网络系统。为给整个楼宇提供一个良好的网络环境，在楼宇内布设了网络系统。为方便办公，还可以部署不同的网络服务，如视频点播服务、IP电话等。在整个网络中心，可以设置计费的安全系统，以满足用户的特殊联网需求。

（3）电话系统。可以在办公大楼内安装大容量的程控交换机，可使每个办公人员都能利用电话进行通信，要做到移动信号的覆盖，主要依靠移动公司提供技术支持。

（4）电视系统。楼宇提供了卫星接入电视服务，并配套了卫星电视计费系统。

（5）安防监控系统。该系统主要是对楼宇内的重要位置进行实时摄像，并由专人进行监管，其中，入侵侦测系统主要是为了防止非法入侵，巡更系统则是为了记录巡更人员的路线。

（6）一卡通系统。该应用可以很好地解决考勤、身份管理等功能问题，并可以根据相应的需求，对其进行安装与管理。此卡还可与许多系统相结合，如停车场管理系统等，实现多方拓展。

（二）各系统的设计

随着楼宇控制越来越智能化，本案例对智能技术体系在楼宇中的应用进行了分析，并分析了这些应用所带来的效益，以期推动行业的快速发展。

1. 自动化电气设备系统

通常，电气智能设备的电流、电压等信息的采集是通过选择数字化互感器来完成的，其主要目的是在数据采集前完成模拟量采集，进而达到数据采集质量的标准。通过与传统的数据采集互感器技术进行对比，当今的智能电气设备具有设备配置规划完善、设备规格较小等优点。先进的智能电气设备采用大量非常规互感器，辅以先进的微电子技术和计算机技术。同时，楼宇电气设备的二次技术也预示着智能化设备与数字化技术的发展趋势。

（1）自动化电气技术系统。该系统主要是以极强的处理能力来达到现场控制的目的。与此同时，中央空调系统、楼宇控制系统、照明系统、给排水系统、电梯系统及配变电系统等组成了电气自动化技术体系，以达到集中控制的目的。专业性和技术性是建筑电气设备安装、调试具有的特点。电气自动化技术在提高建筑物安全性能、加强各个系统之间的有效联系方面具有重要意义。

（2）变配电监控系统。该系统主要通过现代计算机控制技术、网络技术及通信技术等，辅以抗干扰能力较强的通信设备及智能电力仪表，来完成供配电系统中的变配电内容，以实现系统监控与管理的目的。中压综合继电器、直流电法、带有智能接口的低压断路器，以及智能电力监控仪表，是依据配电监控系统来完成对运行开关量状态、无功功率、电压、电流等电量参数的显示和采集，进而达到事故异常报警、事件记录打印、报表统计整理等目的，从而提高配电系统的及时性、高效性和可靠性。

（3）空调制冷系统。空调处理机系统、新风空调系统、空调冷热源系统、末端风机系统及附件风管连接设备等组成了空调制冷系统。在控制器、执行设备、敏感元件的相互作用下，空调监控系统达到了对空调新风系统、空调冷热源系统等进行实时监控的目的，进而实现了控制湿度、温度及节约能源的要求。

手动控制与直接数字控制的完美结合，使得空调处理系统实现了对室内温度、湿度的合理控制。同时，空调处理系统依靠送风机的不断输出，达到对湿度、温度的合理、及时调节目的，进而保证室内人员的健康。通常，新风量大小的控制，是通过检测二氧化碳浓度的方式来实现的。

2. 消防系统

在行业管理与宏观政策的影响下，消防系统不能完美地融入建筑的智能化系统中，使其与其他弱电系统分离开来。一方面，使得消防系统的封闭性增强，严重阻碍了消防电子产业的有序发展；另一方面，在良好的操作环境中，我国的消防报警自动系统实现了质的飞跃。因此，提高建筑物的自动化水平，满足楼宇控制的高要求，顺应时代发展的趋势，已成为我国消防报警自动系统面临的严峻考验。

在高层建筑物数量剧增、社会对建筑物安全性能关注度提高的大背景下，高层建筑物的给水消防系统占据越来越重要的地位。消防智能技术在楼宇中的应用的原理为：采用自动检测技术、远程控制系统、消防预警系统、排烟系统与灭火控制系统等，在楼宇消防事件或者事故发生的第一时间，以警报的形式提醒安保人员或者业主及时离开现场，并将计算机中存有的火灾过程及相应数据，以灭火系统向排水系统发出指令的方式，进行自动灭火。这就使得建筑物内的配电、照明、广播及消防设备，在该技术的驱使下达到联动控制的目的。

在国家强制性标准的指导下，各消防产品生产商家生产的产品的差异度越来越低。根据报警级别，对控制中心进行联动报警，及时、高效地感知报警区域内的火情，是消防报警自动系统的核心思想。因此，传感器、控制器、执行器及控制网络完美地融合在一起，组成了消防报警自动系统。

从办公楼现场需求的角度出发，火灾传感器可以分为火焰探测器、感温探测器及感烟探测器；从探测原理的角度出发，火灾传感器可分为红外线型探测器、光感型探测器及离子型探测器；依据电子原理进行划分，火灾传感器又可分为智能型传感器、模拟型传感器及信号型传感器。

消防自动报警系统的工作流程如下：通过对现场信息进行采集、整合与分析，达到向控制器传输汇总的目的。再根据获得的火情信息及事先编号的程序，采取相应的紧急措施，从而使火情得到最大限度的控制，进而保证人员的安全，使损失降到最低。

由于该办公大楼的消防系统具有一定的复杂性，其消防自动报警系统与其他楼宇的消防系统间有联动的需求，所以这个办公大楼的这种需求通过简易控制器来实现，但由于控制器构造过于简易，并且传输方法单调，其操作和维护不够到位，所以在进行系统联动功能模拟时，就容易给其他系统造成一定的影响。在运行消防自动报警系统时，相关的工作量也有所减少。虽然有着便宜的价格、紧凑的结构优势，但消防自动报警系统却没有足够强的外延性。从整体上对消防自动报警系统进行分析后发现，必须通过智能控制器来实现其与外部系统的联系。如今，该办公大楼的材料供货商提供的智能控制器大多具有RS232 接口，其他控制器也能利用这个接口达到与控制器建立联系的目的，在技术层面上可及时发现火灾报警系统与智能化系统的一些问题。

3. 声频系统

声频技术在智慧楼宇中的应用较为复杂，在该办公楼中，融合了警报系统、视频影视、扩声系统、会议交流系统，在业主或安保人员的不同需求下，系统会对楼宇智能系统控制中心发送不同的信号，从而实现声音与声音、视频与声音方面的输送和输出，以及可视通话功能。与此同时，在声频系统中应用数据链路层形成具体网络，将系统运行基于网络数据共享之上，并通过工业以太网技术实现资源共享和实时交互，确保智慧楼宇的运行符合控制的要求，大楼中的办公者可以实时了解现场的情况。

4. 安保系统

安保系统是楼宇管理系统中的重要部分。智能化楼宇的安保系统可以进行全天候、无死角监控，并将记录存储下来。该系统是在网络支撑下的综合应用管理系统，为增加系统在应用中的安全性和时效性，在智能安保专网的基础上，其主要应用系统和核心服务系统可以选择 VLAN 管理或者物理专网。存在于智能安保控制系统中的相关子系统，都能够借助通信网关或智能安保控制中心与智能安保专网之间的防火墙进行安全访问；可以通过智能安保控制中心，建立数据发布服务器，以发布、共享需要的数据，通过自己建立的数据发布服务器，实现相关数据的发布和共享。

安保系统具备完善、高超的自控计算方式和自控技术，包括人工智能、模糊控制、状态预测、神经网络和自适应等，以进一步提高安保控制体系的可靠性；在保证已有安保控制体系特性和作用的情况下，能够用更少的投入，实现安保控制体系的性能，例如，由开发投入和软硬件投入等组成的整体系统投入；具有在全智能网络化、光电技术、微处理器等基础上开发的、新型的、创造性的安保控制体系测试方案；具备更优秀的软硬件拓展功能，以适应复杂的现场环境；具备更高的可靠性，体现为数字元件的适应温度范围更广，受元件更换、使用期限、电源波动等的影响更小，也体现在系统软件的调试与优化方面；具备更优异的巡检和自检功能，能够用软件法检测软件自身及重要部件、元件的工作情况。

安保系统具有模拟量输入接口单元、数据采集/处理单元、开关量输入/输出接口、通信接口、人机对话接口等进行电话控制所需的附加设备，用户可以直接拨打电话，按照提示音操作，可控制照明的开关。

安保系统可以与 BA 系统集成，通过接口与软件协议的支持，将安保控制汇集到 BA 系统里，方便智能化楼宇各个子系统之间的联系。安保控制是作为一个单独的系统而建立的，并运用了特殊的通信设备，以使控制方案达到灵活化和理想化要求。

在此基础之上，本案例所设计的智能安保控制系统的三层设备连接方式有所不同，主要采用的是分层、有序网络连接方式，安保控制的二次系统结构，其可以称为“三层两网”，也就是在站控层设备、间隔层设备及过程层设备之间实现的每两者间的有效连接，全部都有站控层网络与过程层网络。

第二节 智慧楼宇在公共服务中的应用

智慧楼宇在公共服务中应用广泛，主要涉及以下几个方面：

一、健康与医疗服务

智慧楼宇可以通过智能化的健康监测设备，如智能手环、智能体温计等，对用户的健康状况进行实时监测和分析，并提供针对性的健康服务。此外，智慧楼宇还可以提供在线医疗咨询、预约挂号和药品配送等服务，为用户提供便利的医疗服务。

（一）数字化医院建设中楼宇智能化的重要性

建设数字化医院的主要目的在于创造出更加优异的医疗环境，以此为基础，提高诊疗工作质量与工作效率，这也使得数字化医院中配置了数量较多的机电设备，而在近年来新建的各大医院当中，大多都是以建筑群的形式进行设计的，为了确保整体建筑群有良好的就医空间及舒适环境，必然会加大管理人员的工作量与建筑的能源消耗。因此，这就需要通过楼宇智能化系统的建设，更好地促进数字化医院的发展和完善。

1.预防突发性事件出现

通过楼宇智能化系统，能够对医院内部各类机电设备的额定负载及实际负载情况进行全面检查，在设备过载的情况下，可以立即进行自动负载，并向中央控制室发出报警信号。同时，还可以对设备的具体运转状态进行全面监视，如果发现某一个设备出现了运转异常的问题，就要立即通知相应的检修人员及时展开检查维修，而一组机电设备当中的某一台设备出现故障问题时，楼宇智能化系统也能够将其自动切换到备用的设备当中。除此之外，在突然停电、恢复供电状态后，楼宇智能化系统就可以自动执行启动程序，确保设备能够迅速进入到正常的工作状态，大幅度降低启动失败所产生的损害。

2. 提高设备的使用寿命

在数字化医院建设当中采用楼宇智能化系统，能够保证设备的运转状态始终处于监控之下，楼宇智能化系统也可以提供某一个设备完整的运转记录，并打印出保养工作、维护工作通知单，能够确保维护保养人员可以及时对设备进行保养，大幅度提高设备的使用寿命，降低机电设备的运行成本。并且，楼宇智能化系统还可以对设备的累计运行时间进行自动记录，一旦累计值达到规定的修理时间，就可以直接转换到备用设备当中，将相应信息传递至中央控制室，从而对不同设备的运转时间进行均衡处理，提高设备的整体使用寿命。

3. 环境的自动调节

在医院这种较为特殊的公共场所当中，为了保证人体的舒适程度，就必须适当地提高室内的湿度，通过良好的环境帮助患者提高身体的恢复速度，楼宇所需的温度及湿度，都可以通过楼宇智能化系统进行调节与控制。

（二）数字化医院建设中存在的问题

1. 整体架构不够科学合理

大部分医院在进行数字化建设时，并没有将自身长远的战略规划融入其中，这就导致在设计数据信息系统时，没有考虑到发展这一重要因素，使得信息化系统在后续的使用方面存在局限性。同时，这一现象也会影响数字化信息系统架构的科学性，医院的数字化建设仅仅是不同应用系统的叠加，各个应用系统之间没有形成实质性的关联，这就大幅度降低了整体系统的工作效率，数据信息无法实现高效共享，数据信息的使用效率受到一定程度的影响。在现阶段，计算机技术已经得到了较为全面的发展和优化，但部分医院在构建数字化系统时，并没有有效融入计算机技术，这就使得系统的整体设计较为落后，很难建设出完善的信息系统。因此，为了保证医院能够顺利实现信息化建设，必须进一步完善内部的系统构架，提高对计算机技术的重视程度，以此来提高数字化系统的稳定性。

2. 业务流程没有制定统一标准

在传统的医院中，其内部业务流程较为复杂，涉及许多步骤，这样不仅提高了患者的就诊时间，也会大幅度降低就诊效率，严重影响就诊的可控性及可靠性。因此，医院进行数字化建设的重要目的之一，就在于有效缩短患者的就诊周期，帮助患者高效完成就诊过程，在明确病症内容后得到相应的诊治，尽快促进患者的康复。因此，在数字化医院的建设过程中，最关键的内容就在于对整体业务流程进行规范处理，然而，目前各大医院内部的运营结构存在较大差异，这也使得不同医院的业务流程设定不尽相同，很难通过一个统一的业务流程标准来对医院业务进行规范处理，这就对数字化医院建设产生了一定程度的影响。

3. 数字化建设目标过于模糊

在近年来的发展进程中，我国很多医院都逐步实现了数字化建设，由于计算机技术的影响力逐步提高，使得数字化医院建设成了促进医院可持续发展的关键所在。然而，在现阶段的数字化建设过程中，存在的主要问题在于医院并没有构建明确的建设目标，不同医院的数字化建设目标不同，缺乏统一的建设标准，这也是导致不同医院数字化发展水平不一致的主要原因，甚至还会引发盲目建设。这样，不仅会严重影响信息化技术的应用，在实际使用数字化系统的过程中，也很难提高系统的可靠性与准确性，数字信息化系统无法充分发挥出自身作用。并且，在一些医院在数字化建设中，缺乏科学、合理的理论指导，数字系统在使用时出现各种问题，非但无法为医疗事业的发展提供帮助，还降低了医疗工作的开展质量及开展效率。

（三）楼宇智能化在数字化医院建设中的具体应用措施

1. 明确楼宇智能化系统的基本功能

（1）基础设施分系统。在楼宇智能化系统的基础设施分系统当中，涉及机房工程子系统和综合管线桥架子系统等多方面内容。其中的机房工程子系统，包括了新建数据信息中心机房与监控中心的机房，也是数字化医院内部所有数据储存、系统管理及数据通信的核心所在，在机房建设中主要为装修、配电、新风系统及综合布线等；而综合管线桥架子系统，则融合了电话网、互联网、管理网及医疗网的基本桥架，为了确保医院当中各类业务的安全性与稳定性，通常会采用五种网络物理隔离方式，五种网络共用同一个设备间，其中的医疗网应当配备单独的配线架与交换机，而电话网、管理网与互联网则应当进一步设置在同一个配线架当中，采用具备隔板的线槽，以此来提高综合管线桥架子系统的稳定性。

（2）通信分系统。首先是综合布线子系统，医疗专网当中的水平线缆采用的主要是6A型屏蔽双绞线，并配备对应的电子配线架系统，而医疗专网的数据主干应当采用万兆光纤；其次是公共广播子系统，在智能化的广播系统当中，应当遵循集成开放、安全经济的基本原则，根据医院建筑的基本结构及业务分布的主要位置，来划分出对应的广播分区，其中的广播功能主要分为四种，分别为业务广播、本地扩声、消防紧急广播及背景音乐等，无论何种广播功能，都共用医院的扬声器与广播设备。

2. 楼宇智能化系统的节能分析

（1）提高室内温度和湿度的控制精度。在数字化医院室内温度与湿度的变化过程中，其与建筑的节能性有着十分紧密的联系。同时，将室内温度与湿度控制在标准范围内，也是实现空调节能的措施。在传统的医院当中，大多会采用空调设备来进行制冷或制热，这就会引发夏季温度过低或是冬季温度过高等问题，对患者身体机能的恢复产生不良影响，提高了能源消耗。而采用楼宇智能化系统后，不仅能够按照提前设置的内容，来对室内温度与湿度进行调解，还能根据温度、湿度及季节变化来修改设定，保证室内温度与湿度更好地满足患者的基本需求，充分发挥出空调设备所具备的功能。

（2）风量平衡。在数字化医院的空调系统当中，保证风量的平衡性及楼内正压，是确保空调调节效果不受影响的重要条件，同时也是对排风机转速进行控制的主要依据，特别是在手术室及传染病房等特殊区域当中，更要重点关注风量的平衡性。由于新风量减少或是排放量提高等而影响到了风量平衡，外界的热空气就会进入医院内部，不仅会提高回风温度，而且加大了各类病菌的传染概率，提高了能源消耗；如果回风温度较高，就会超过系统原本的控制范围，使整体系统处在极限的工作状态中。因此，在楼宇智能化系统的设计过程中，应当注重温度测量点的选择，以此来提高温度采样的可信度。

3. 楼宇智能化系统的控制方式

（1）空调系统。数字化医院空调系统的控制，主要体现在如下几方面内容上：

具体监控内容为送风机工作状态、自动转换状态，以及确定整体空调机组是否处在楼宇智能化系统的控制当中。同时，还要对冷水盘与热水盘的表面温度进行必要监测，如果温度低于设定的标准值，就会触发警报，并触发一系列的保护动作，如关闭新风阀等，以此来实现对回风温度的控制。

（2）热交换系统。楼宇智能化系统中对于热交换系统的控制，主要是通过对二次侧回水温度的监测，以此为基础，来对换热器一次水供水侧阀门的开度展开自动调节，确保二次水供的温度可以更好地满足使用需求。而通过楼宇智能化系统，可以更好地掌握热负荷的基本状态，并结合实际需求，来进行有针对性的调整和优化，大幅度降低能源消耗。

二、教育服务

智慧楼宇可以通过智能化的教育资源管理和共享平台，为用户提供丰富、多样的教育资源和在线教育服务。此外，智慧楼宇还可以提供教育培训、辅导等服务，帮助用户提高学习成绩和职业技能。

（一）智慧楼宇教育服务的应用场景

智慧楼宇教育服务的应用场景非常广泛。在住户居住的楼宇中，可以通过智能化的教育资源管理和共享平台，提供在线教育、知识问答、交互式教学和学习社区等服务。在公共区域中，如楼宇内的图书馆、学习室等，也可以提供智能化的学习环境和服务。

（二）智慧楼宇教育服务的主要特点

智慧楼宇教育服务的主要特点包括以下几个方面：

1. 丰富、多样的教育资源

通过智能化的教育资源管理和共享平台，智慧楼宇可以为用户提供丰富、多样的教育资源，如课程视频、在线教材、教育游戏等。用户可以根据自己的需求和兴趣，自由选择和学习这些资源，从而实现自我提高和发展。

2. 个性化的教育服务

通过智慧楼宇的数据化管理和分析，可以了解用户的学习需求和兴趣，提供个性化的教育服务和推荐，如个性化课程推荐、学习计划制订等。这样，可以帮助用户更好地发掘自己的潜能和优势，提高学习效率和学习成绩。

3. 灵活、便捷的学习环境

智慧楼宇的公共区域可以提供灵活、便捷的学习环境，如智能图书馆、在线学习平台、学习室等。用户可以随时随地学习，不受时间和空间的限制，大大提高了学习的灵活性和便捷性。

4. 高效的教育培训

智慧楼宇可以提供高效的教育培训服务，如线上直播课程、在线辅导等。通过这些服务，用户可以在短时间内获取更多的知识和技能，提高自己的竞争力和就业能力。

5. 优质的教育资源

智慧楼宇可以通过与知名教育机构合作，获取更加优质的教育资源和服务，这些资源和服务可以帮助用户获取更加权威和专业的教育培训，提高学习质量和效果。

6. 全方位的教育支持

智慧楼宇可以提供全方位的教育支持服务，如学习辅导、学习评估、学习跟踪等。通过这些服务，用户可以获取更加全面的教育支持和帮助，提高学习成绩。

7. 可持续的教育发展

智慧楼宇可以通过数据化管理和分析，了解用户的学习需求和兴趣，根据市场需求和发展趋势，提供可持续的教育发展服务。这样，可以保证教育服务的可持续性，为用户提供更加长期、稳定的教育支持和帮助。

三、公共安全服务

智慧楼宇可以通过智能化的安全监控系统，对楼宇内外进行全方位的安全监控和预警，为用户提供安全保障。此外，智慧楼宇还可以提供应急救援、紧急联络等服务，为用户提供全面的安全保障。

（一）安全防范技术

智慧楼宇的安全防范技术是指利用现代科学技术，通过采用各种安全技术、器材和设备，达到居民小区防入侵、防盗窃、防抢劫、防破坏、防爆炸、防火等目的，保证小区居民人身及生命财产安全的综合性多功能防范系统。

安全防范技术，顾名思义就是对于未知的危险因素做好准备与保护工作，该工作是用来应对攻击或避免受伤等不可预见的事情发生。随着电子技术、计算机技术、网络技术、传感技术等迅猛发展，安全防范逐步发展成为一项专门的公共安全技术学科。安全防范广义地说，由物防、人防、技防三部分组成。物防就是物理防范，由所防护目标的物理设施构成，如防盗门、防盗窗、铁柜等；人防就是人力防范，由保安人员和能迅速到达现场处理警情的公安干警组成，人力防范是安全防范的基础、核心；技防就是技术防范，由能探测、传输、识别、控制、报警、显示与记录等技术设施组成，其主要作用是能发现罪犯，并迅速将信息传送到指定地方，如保安或公安的警情中心等。物防、人防与技防是互相补充的，物防、人防需技防来补充，技防手段不足要靠物防、人防来完善。安全防范技术是多学科、多专业交叉融合的综合性技术，各种防范技术的交叉、渗透、融合是安全防范技术发展的趋势。

（二）智慧楼宇的安全防范系统

智慧楼宇的安全防范系统是一个有功能分层的体系：防范为先、报警准确、证据完整。安全防范系统已经成为楼宇智能化工程的一个必配系统，因为有智能化的安防系统作技术保障，才可以为智慧楼宇内的人员提供安全的工作和生活场所。一个完善的楼宇安全技术防范体系，包括视频安防监控系统（闭路监控系统）、楼宇周界防范报警系统、入侵报警系统（防盗报警系统）、楼宇访客可视对讲系统、电子巡查系统（巡更系统）和出入口控制系统（门禁系统），可保障楼宇内人员的生命与财产安全。

1. 楼宇周界防范报警系统

周界防范报警系统通常称为小区的第一道防线，主要防范嫌犯越界而过，由小区周边或围墙检测装置（可以是红外对射、泄漏电缆、振动传感器）、报警控制主机、报警联动装置和信号传输等构成不留死角的防非法跨越报警系统。楼宇的周界防范常用主动式红外对射系统，当可疑情况发生时，探测器便发出警示信息，通过管理中心的控制（系统管理）主机和联动设备，如启动警灯、警号、摄像和录像程序，显示非法入侵区域，提供管理人员及时获取警讯，以便第一时间赶赴现场处理。中心控制室保安人员可以采取相应的行动，及时赶到报警现场或向 110 报警。控制器采用智能化模糊控制技术，可以避免由于树叶、杂物、风雨或飞鸟等小动物穿越围栏所引起的误报。

2. 出入口控制系统

出入口控制系统与其他安防技术相比是既经济又实用的安防技术，其目的是想办法将作案者拒之门外。出入口控制系统是利用自定义符识别或模式识别技术，对出入口目标进行识别，并控制出入口执行机构启闭的电子系统或网络。此系统是以安全防范为目的，且必须满足紧急逃生时人员疏散的相关要求，其主要作用就是使有出入授权的目标快速通行，阻止未授权目标通过。出入口控制系统主要由识读部分、传输部分、管理/控制部分、执行部分及相应的系统软件组成。常用的出入口控制系统辨识装置包括 IC 智能卡及读卡机、指纹机、视网膜辨识机、人像脸面识别技术和声音辨识机等，其执行设备主要是闭锁部件、阻挡部件和出入准许指示装置。

3. 入侵报警系统

入侵报警系统又称防盗报警系统，是利用传感器技术和电子信息技术探测，并指示非法进入或试图非法进入设防区域的行为、处理报警信息、发出报警信息的电子系统或网络。入侵报警系统是技术防范系统的重要组成部分，是打击和预防犯罪的有力武器，其快速反应能力，可及时发现案情。入侵报警控制主机应有防破坏功能，当连接入侵探测器和控制主机的传输线发生断路、短路或并接其他负载时，应能发出声光报警故障信号。

4. 视频安防监控系统

视频安防监控系统是安全防范技术体系中的一个重要组成部分，是一种先进的、防范能力极强的综合系统。它可为追溯和破案留下证据，也是构建“千里眼”的技术手段，涉及视频信息的获取、传输、显示、存储等方面技术。它可以通过遥控摄像机及其辅助设备，直接观看被监视场所的一切情况，把被监视场所的图像传送到监控中心，还可以把被监视场所的图像全部或部分地记录下来，为日后某些事件的处理提供方便条件和重要依据。视频安防监控是安防系统不可或缺的组成部分，它有时在小区内与楼宇对讲、周界防范、电子巡更一起构成大的防范体系，但在更多的场合是以独立的形式承担技术防范，这主要是得益于它的实时性和高度准确性，又兼有可记录、能长时间存储的特点。因此，视频监控防范越来越受到青睐。

5. 楼宇可视对讲系统

可视对讲系统是一套为住户与访客间提供图像及语音交流的现代化楼宇控制系统，一般情况下，设置在小区内的住宅单元入口或进户门处。来访者在门口主机上输入房号，呼叫住户，住户听到铃声后，可在屏幕上看到来访者的容貌，并可与之通话。住户可选择按开锁键开门，让来访者进入；也可选择不理睬来访者或报警求助。这样，可以有效谢绝陌生人访问，限制非法侵入，保持居住环境的私密、安全和安静。

6. 电子巡更系统

电子巡更系统是一套管理保安队伍的智能管理系统。在系统巡更线路上设立签到点，保安人员定点签到。巡更班次、时间间隔、巡更线路等均由电脑软件编排，由电脑存取签到记录，可排除许多人为因素，有效管理巡更员的巡视活动，加强了保安防范措施。记录信息传送到智能化管理中心，管理人员可调阅、打印各保安巡更人员的工作情况，加强保安人员管理，实现人防与技防相结合。

（三）安全防范技术的发展趋势

随着科学技术的飞速发展，犯罪分子犯罪智能化、复杂化、隐蔽性更强，因此促使智慧楼宇安全防范技术手段无论是在器件上，还是在系统功能上，都要实现飞速发展，器件上的探测器由原来的简单、功能单一产品，发展成多种技术复合的新产品。现代建筑的高层化、大型化及功能多样化特性，决定了安全防范技术向数字化、联网化、智能化、集成化等趋势发展。

1. 安全技术防范系统的数字化

随着时代的发展，人们的生存环境变得越来越数字化。数字化是以信息技术为核心的电子技术发展的必然。视频监控数字化是系统中的信息流，如视频、音频、控制等，由模拟转为数字，改变了视频监控系统的信息采集、数据处理、传输、系统控制等方式和结构形式，实现安全技术防范系统中的各种技术设备和子系统之间的无缝连接，从而能在统一的操作平台上实现管理和控制。

2. 安全技术防范系统的网络化

有了系统的数字化和网络技术的发展，人们能方便地使安全技术防范系统网络化。网络化打破了布控区域和设备扩展的地域、数量界限，实现了系统硬件和软件的共享、任务和负载的共享，系统结构由集总式向集散式过渡。

3. 安全技术防范系统的智能化

安全技术防范系统的智能化是一个与时俱进的概念，系统具有模仿人的思维方法的分析和判断功能，如视频监控智能化。视频监控数据量极大，而用户真正需要监控的多为小概率事件的信息。如何通过海量数据获取有价值的信息，是视频监控技术发展的重要方向，因为能把视频监控从静态的、事后取证，变成动态的、实时预防和告警，对用户而言尤为重要。视频内容分析技术还具备对风、雨、雪、落叶、飞鸟、飘动的旗帜等多种背景的过滤能力，通过建立人类活动模型，借助计算机的高速计算能力，使用各种过滤器，排除监控场景的干扰因素，准确判断人类在视频监控图像中的各种活动。

4. 安全技术防范系统的联网化

随着互联网发展，视频监控技术更易被人们所接受，网络摄像机把压缩的视频信息通过 TCP/IP 协议，采用流媒体技术实现网络视频传输，用户可随时访问互联网，实现对整个监控系统的指挥、调度、存储和授权控制等功能，可为报警处理、出警、指挥带来更大好处。

5. 集成化

目前，国内建筑对安防系统的技术要求不断提高，一卡通系统已呈多元化、集成化的发展趋势。手机一卡通（RFID-SIM 卡）是新近兴起的一项新技术应用，在门禁、考勤、消费等子系统的应用上日趋成熟、稳定。在中国移动最新推出的手机一卡通 RFID-SIM 中，集成了门禁、电梯、考勤、消费、停车场管理等应用子系统，使得手机一卡通的应用范围更加广泛。

安全防范是维护社会公共安全，保障公民人身安全和国家、集体、个人财产安全的系统工程，其设计应满足防护对象的使用功能及安全防范工作管理的要求，应具有先进性、可靠性、经济性、适用性和可扩展性。面对信息时代的汹涌大潮，安全防范将面临严峻的挑战，这就要求我们适应信息时代的要求，充分利用各种新技术，不断完善安全防范系统，造就一个和谐、安全的新世纪。

四、环境保护服务

智慧楼宇可以通过智能化的环境监测系统，对楼宇内部和周边环境进行实时监测和分析，提供环境保护和可持续发展服务。此外，智慧楼宇还可以提供垃圾分类、能源管理等服务，为用户提供绿色、环保的生活方式。

智慧楼宇环境保护服务是指通过智能化的技术手段，对楼宇内部和周边环境进行实时监测和分析，提供环境保护和可持续发展的服务。智慧楼宇可以通过以下几种方式提供环境保护服务：

（一）智能化环境监测

智慧楼宇可以通过智能化的环境监测系统，实现对楼宇内部和周边环境的实时监测和分析。例如，可以通过传感器监测楼宇内部的空气质量、温度、湿度等参数，以及周边环境的噪声、光线、PM2.5 等指标，从而及时发现环境污染和威胁，为楼宇提供安全和健康的环境。

1. 实现原理

智能化环境监测系统的实现原理，主要包括以下几个方面：

（1）传感器采集数据。智能化环境监测系统通过多个传感器，来收集环境数据，例如光照、温度、湿度、空气质量、PM2.5 和噪声等，传感器可以安装在楼宇内部和周边，通过有线或无线方式，与监测系统进行连接。

（2）数据传输和处理。环境数据传输可以通过无线网络或有线网络进行，例如 Wi-Fi、蓝牙、ZigBee 和 LoRa 等。数据传输到监测系统后，系统可以对数据进行分析和处理，从而实现对环境数据的实时监测和分析，提供可视化的环境信息。

（3）报警和控制。智能化环境监测系统可以通过报警和控制功能，实现环境数据的自动化管理，例如当环境参数超过设定的阈值时，系统会自动发出报警信号，还可以通过控制终端，进行环境参数调节，例如控制空调、空气净化器、减噪器等。

2. 技术特点

智能化环境监测系统具有以下技术特点：

（1）多样化的传感器。智能化环境监测系统需要使用多种传感器来采集环境数据，不同类型的传感器包括红外传感器、电化学传感器、光学传感器、声学传感器等，可以根据不同的监测需求，来选择合适的传感器。

（2）实时性和准确性。智能化环境监测系统具有高实时性和准确性，通过传感器和网络技术，可以实时采集和传输环境数据，还可以通过数据处理和分析技术，对数据进行准确、可靠的处理。

（3）智能化的报警和控制。智能化环境监测系统具有智能化的报警和控制功能，当环境数据超出设定的阈值时，系统可以自动发出报警信号，还可以进行环境的自动控制和调节，例如调节空气净化器的工作状态、控制温度和湿度等。

（4）云计算和大数据分析。智能化环境监测系统可以将采集的数据上传至云端，利用云计算和大数据分析技术，对数据进行更加深入、全面的分析和处理，提供更加精准的环境监测和预测服务。

（5）可持续发展和节能减排。智能化环境监测系统可以实现对能源和资源的管理和控制，例如对空调、照明等设备的智能化控制和调节，可以实现能源的节约和减排，从而实现可持续发展的目标。

（二）垃圾分类和管理

智慧楼宇可以通过智能化的垃圾分类和管理系统，帮助用户实现垃圾分类和回收，促进可持续发展。例如，可以设置智能垃圾桶，通过识别垃圾类型和重量，自动分拣和分类，提高垃圾分类的精准度和效率。此外，智慧楼宇还可以提供垃圾处理和回收服务，如可回收物品的回收和再利用、有害物品的安全处理等，促进环境的保护和可持续发展。智慧楼宇垃圾分类和管理系统的实现，需要结合以下几个方面的技术和措施：

1. 智能垃圾桶

智能垃圾桶是智慧楼宇垃圾分类和管理的重要设备，它可以通过传感器、摄像头和智能识别技术，对垃圾进行自动分类和分拣，还可以记录垃圾的重量和种类信息，实现垃圾分类的智能化和精准化。

2. 教育宣传

垃圾分类需要居民的积极参与，智慧楼宇可以通过各种形式的教育宣传，提高居民对垃圾分类的认识，从而促进垃圾分类的积极性。

3. 垃圾回收和处理

智慧楼宇可以设置垃圾回收站和处理设备，对可回收物品、有害物品等垃圾进行处理和回收，例如，通过物联网技术和云计算技术，实现垃圾的远程监控和管理，从而提高垃圾回收和处理的效率。

4. 数据分析和管理

智慧楼宇需要建立垃圾分类和管理的数字化系统，实现对垃圾分类和回收的数据化记录和管理，通过数据分析和挖掘技术，了解垃圾分类和回收的情况及趋势，从而优化垃圾分类和回收的效果。

智慧楼宇垃圾分类和管理系统需要结合传感器技术、智能识别技术、教育宣传、垃圾回收和处理技术，以及数据分析和管理技术等多种技术和措施，实现垃圾分类和管理的智能化、精准化和可持续化。通过这些措施的实施，可以促进环境保护和可持续发展，提高智慧楼宇的管理水平和品质。

（三）能源管理和节能减排

智慧楼宇可以通过智能化的能源管理系统，实现对楼宇能源的监测和调控，提高能源的利用效率和节能减排。例如，可以通过智能电表和电力管理系统，实时监测楼宇的能源消耗情况，提高能源的利用效率和节能减排的效果。此外，智慧楼宇还可以提供节能减排的建议和方案，如使用节能灯具、安装太阳能板等，提高用户的环保意识。

1. 智慧楼宇能源管理系统的原理

智慧楼宇能源管理系统的原理，主要包括以下几个方面：

（1）能源采集。能源采集是能源管理系统的基础，它主要通过传感器和仪表等设备，实时采集楼宇的能源消耗情况和运行状态。例如，可以通过智能电表和电力仪表来监测楼宇的用电量和能耗情况，通过智能水表和气表来监测楼宇的用水量和用气量等。

（2）能源处理。能源处理是能源管理系统的核心，它主要包括对采集到的能源数据进行处理和分析，以提取有用的信息。能源处理的手段包括数据挖掘、数据分析等技术。通过数据处理，可以了解楼宇的能源消耗情况、能源利用效率和节能减排效果等。

（3）能源控制。能源控制是能源管理系统的关键，它主要通过智能化的设备控制和调节，实现对楼宇能源的精准控制和管理。例如，可以通过智能化的温控系统和照明系统，实现对楼宇内部温度和光线的自动控制和调节，提高能源的利用效率和节能减排效果。

（4）能源优化。能源优化是能源管理系统的目标，它主要通过综合分析能源数据和能源控制策略，优化能源管理方案，从而实现对楼宇能源的最优化管理和调控。例如，可以根据楼宇的能源消耗情况和运行状态，制定相应的能源管理策略和方案，以实现节能减排的目标。

2. 智慧楼宇能源管理系统的特点

智慧楼宇能源管理系统具有以下特点：

（1）实时性和精准性。智慧楼宇能源管理系统具有高实时性和精准性，能够实时采集和处理楼宇的能源数据，精准分析和控制楼宇的能源消耗情况，提高能源利用效率和节能减排效果。

（2）自动化和智能化。智慧楼宇能源管理系统具有自动化和智能化的特点，通过智能化的设备控制和调节，实现对楼宇能源的自动化控制和自适应调节，减少人工干预和误操作，提高能源管理的效率和效果。

（3）可视化和可管理性。智慧楼宇能源管理系统具有可视化和可管理性的特点，通过数据可视化和信息管理平台，可以对楼宇能源消耗情况进行可视化展示和管理，帮助楼宇管理者更加清晰地了解能源消耗情况和节能减排效果，从而进行更加有效的能源管理和控制。

（4）灵活可扩展性。智慧楼宇能源管理系统具有灵活可扩展性，可以根据楼宇能源管理需求，进行定制化的开发和部署，还可以根据楼宇能源管理的发展需要，进行系统的扩展和升级，以满足不断变化的需求和要求。

（5）综合性和可持续性。智慧楼宇能源管理系统具有综合性和可持续性的特点，不仅可以实现对楼宇内部能源的监测和控制，还可与周边的能源系统进行互联互通，实现对整个能源系统的综合管理和优化，从而实现可持续发展和环保目标的实现。

第三节 智慧楼宇在住宅社区里的应用

随着现代信息技术的应用和普及，社会生活发生了方方面面的变化，建筑行业进入快速发展时期。由此，建筑电气智能化技术在建筑中，特别是在住宅小区中得到广泛应用。多个地产企业均以智慧社区作为住宅产品的设计亮点，优化住宅内部、建筑物内部公共区域，甚至社区内活动空间的使用功能，实现地产企业内多城市、多社区的信息互通，有利于企业产业化的良好扩展，从而实现经济效益和社会效益的共同提高。

一、住宅项目智慧社区的设计特点

住宅小区通过搭建建筑电气智能化系统，实现小区物业的数据化管理，建设智慧社区。住宅小区的智能化设计，应将当前地产企业智慧社区设计基本配置及地产开发各环节、各职能部门的需求，纳入考量范围，最终须满足物业管理、业主及各单位的使用要求，以实现智慧社区建设的最终目标。

住宅项目智慧社区的设计，应包括以下特点：

第一，成熟性。智慧社区系统设备，采用成熟的研发软硬件全系统集成产品。

第二，先进性。智慧社区各子系统品牌设备，选用行业当前最新系列产品设计配置方案。

第三，适用性。系统配置根据智能建筑适用功能的实际需求，遵循适用性的原则。

第四，可靠性。所有系统设备具有较高的兼容性、可靠性和容错性，具备长期稳定工作的能力，还要考虑高可靠性和低成本等因素。

第五，开放性。设备选型与技术发展的趋势相适应，遵循开放性原则，软件、硬件、通信接口、网络操作系统和数据库管理系统等均符合国际标准，使系统具备良好的兼容性和扩展性。

第六，可扩充性。系统配置考虑到今后技术的发展和使用需求，具有更新、扩充和升级的可能。

第七，高性价比。在实现系统先进性、可靠性的前提下，系统的配置具有高性价比优势。

第八，方便性。系统集成平台选用较易学习掌握、安装方便、操作简便和维护容易的系统。

二、项目智慧社区的设计标准及应用

（一）综合管理平台

智慧社区统一管理平台基于网络化，实现各子系统功能的统一设置、统一操作、统一管理、统一应用的集约化，在一个界面上，完成视频监控、报警、对讲、门禁、停车场、巡更、报表生成、智能互动响应等一系列功能；提供多个管理权限，确保系统安全、可靠、智能运行。综合管理平台还支持电子地图功能，可全方位、实时观看社区内任意区域的设备及其数据，用户可直接在电子地图上执行视频调用、录像回放等操作。

（二）网络布线系统

建立智能化专网系统，主要用于智能化各子系统TCP/IP网络管理层数据的传输。实现社区Wi-Fi覆盖，在小区内搭建更加便捷、人性化、智能化的互联网平台，使打造可运营、可管理、安全方便的无线互联网成为现实，并以此提高住户及客户的满意度。设置综合布线系统，可使通话设备、数据设备、视频设备、交换设备及各种控制设备与信息管理系统连接起来，同时也使这些设备与外部通信网络相连。综合布线系统是现代智慧社区及智能建筑的数字化信息系统的基础设施，是将所有语音、数据、视频、控制等系统进行统一规划设计的结构化布线系统，为物业管理提供信息化、智能化的物质介质，支持语音、数据、视频、图文、多媒体等综合应用。

（三）建立多重保障的安保体系

1. 云可视对讲系统

该系统运用先进的智能硬件、移动互联网和云计算技术，打破了传统楼宇对讲系统的时空限制，除传统的呼叫对讲开门功能外，还具有呼叫转移开门、二维码开门、人脸识别开门等无接触控制功能，可以进一步提高用户体验的满意度。

2. 云门禁系统

基于云门禁系统，业主除了可以用IC卡开门外，还可以用手机开门，从而解决业主因忘记带卡而开不了门的问题。

3. 梯控管理及联动系统

电梯智能IC卡系统作为门禁管理系统的有效补充，既能控制无卡人员非法使用电梯，又可限制业主进出不属于其居住范围的楼栋、楼层，从而为业主提供更安全的居住环境和更优质的生活体验。

4. 云视频监控系统

小区视频监控系统用于对小区监控区域内的人、车、物实时情况进行宏观监控，能在人们无法直接观察的场合，通过摄像机及其辅助设备（镜头、云台等）直接观看被监视场所的一切情况，可以通过监控图像，及时掌握监控区域的实时情况。视频安防监控系统还可以与入侵报警系统等其他安全技术防范体系联动运行，使其防范能力更加强大。对于重要区域（如小区大门、老人和儿童活动场所），通过授权的业主可随时随地用手机在线观看监控视频。

5. 周界防范及求助报警系统

入侵报警系统就是用探测器对小区内外的重要区域及周界进行布防。它可以及时探测非法入侵，并且在探测到非法入侵情况时，及时向有关人员示警。周界防范系统与监控系统联动，当有报警时，能自动弹出摄像机的图像单画面显示。

6. 车牌识别停车场管理系统

该系统通过对小区停车场出入口的控制，完成对车辆进出及收费的有效管理，包括入口车位显示车位情况、入口及场内道路的行车指示、车牌的自动识别、读卡识别、出入口栅栏的自动控制、自动计费及收费金额显示，用户绑定支付宝或微信可自动缴费。

7. 感应离线电子巡更系统

该系统将人防与技防有机结合，通过在小区各区域的重要部位制定保安人员巡更路线，设置巡更点。保安巡更人员要携带巡更记录机，按指定的路线和时间到达巡更点并进行记录。管理人员可调阅、打印各保安巡更人员的工作情况，加强对保安人员的管理。

8. 电梯多方通话及群控系统

电梯多方通话及群控系统主要用于解决电梯困人问题、电梯保养维修及电梯群控制管理。

9. 智能家居系统

在住宅内配置可多途径开启的智能门锁、紧急求助按钮、数字可视对讲、燃气泄漏报警、溢水报警、智能安防设防、带摄像头的智能门铃、阳台红外感应报警器、入户门磁报警和照明一键断电等核心设施，按定标定档选配升级设施，如室内环境监测、灯光场景控制、智能家电远程控制等，进一步提高家居环境的舒适度。

（四）实现便捷的社区服务

便捷的社区服务包含背景音乐及公共广播系统、社区环境质量检测系统、多媒体信息发布系统等。背景音乐及公共广播系统包括园区内的背景音乐和公共广播系统，系统由管理中心集中控制，可播放轻音乐，也可播放一些娱乐节目，以及发布公告通知、紧急消息，传播科普知识等。在社区环境质量监测系统中，通过设置环境质量监测器，可检测空气中的 PM2.5、甲醛、TVOC 含量，以及空气的温度、湿度，了解空气质量等级；业主可通过手机查看小区内的环境质量，并与官方公布的环境参数进行对比，该系统常设于绿化较好的区域，与监控共用立杆。多媒体信息发布系统，基于局域网或者互联网的信息引导及发布系统，可为物业管理构建一个发布视频、图片、字幕、Flash 动画、网页等多种媒体信息的发布平台。

（五）实现公共设施设备管理

机电设备管理系统能实现对小区范围内的机电设备进行监控与管理，并优化机电设备控制策略，累积设备运行时间，定期提示管理人员进行设备维护，可节约能源和人力资源，提高物业管理水平，为用户创造更舒适、更安全的环境。住宅小区主要对业主影响较大的给排水系统的运行状态进行监测，当发生故障时，管理中心和物业管理员可通过手机查询到各系统的运行状态，并收到故障报警。对于绿色建筑车库建设，可增加一氧化碳检测项目，当一氧化碳浓度超标时，车库送风、排风机会自动启动；当一氧化碳浓度达到正常值时，车库送风、排风机会自动停止。远程抄表系统与传统人工抄表方式相比，能够有效提高供电部门的用电管理效率，提高住户用电数据的准确度，使住户缴费更加便捷。

（六）智慧社区基础设施

机房工程包括机房装修、控制台及机柜、照明、配电、弱电、接地防雷、空调等工程内容。智能化系统配电采用双路独立电源供电，机房配电箱末端自动切换，箱后同时设置 UPS，对机房前端设备进行不间断供电，实现电源的高可靠性要求。在机房配电箱电源进线处，安装高容量 SPD 电涌保护器及后备保护器，当感应雷电袭来时，主机防雷器可迅速被击穿，将雷击高压浪涌就近泄入大地，从而保护机房设备。

三、住宅运维管理与智慧社区

运维作为建设工程项目的重要组成部分，更能验证工程的质量如何，其目前存在一系列管理问题亟待解决。住宅智慧社区的模式可以作为城市的组成结构，可以集中管理城市各种信息与资源，为居民提供更加便捷的服务，如将智慧物业管理与城市智慧社区管理结合起来，将对居住环境起到改善作用。

（一）我国工程物业管理的现状

1. 物业公司的有限约束能力和居民意识的淡薄

在《中华人民共和国物业管理条例》及有关监理实施细则中，虽然明确了物业的责任和权利，但一些小区业主的认为小区的日常清洁维护工作可以由业主自行决定，并不需要委托物业公司，甚至出现多次拖欠维修费用而导致物业公司亏损的情况出现，致使物业的管理能力下降。此外，许多物业公司资质不健全，在收取物业费之后，其较低的管理水平使其无法胜任管理工作，最终导致业主与管理公司之间的关系紧张，管理工作无法有效开展。

2. 旧工程项目后期运维缺少政府指导

在许多老旧小区后期管理中，仅仅依靠房地产企业和物业企业本身，不足以对业主产生约束力。虽然有街道办事处、管委会等部门参与、配合管理，但没有立法方面对权责约束的强制性，导致业主委员会的决定即使全员通过并符合法律的规定，依然无法产生实际的管理能力。

3. 采用新型的社区管理模式

近年来，兴起一种新型社区管理模式。利用移动大数据、云计算、物联网等多种方式，可以实现对各个单位的信息融合。运用 App 等信息渠道，对信息进行整合，在云端对各种问题进行处理。

（二）旧工程项目后期工作中存在的问题

1. 没有强制力管理

众所周知，在住宅项目保质期内，由建设方和施工方进行回访与实际管理，因此在许多方面均受到业主的制约。例如，业主可以在小区楼道里随意摆放杂物，物业公司虽然贴出了通告，但却并没有起到强制禁止的作用，问题无法及时得到有效、妥善解决，管理效果不好。

2. 业主的公共意识不强

当前的居住模式是许多住户共同使用一个小区，在一个小区内有几百家，甚至更多的家庭，住户的公共意识就显得很重要，老旧小区住户一般没有这种公共意识，经常影响他人居住。但由于物业的强制力不强，对部分居民不能形成约束力，业主委员会等基层组织没有实际的管理能力，就可能导致小区管理越来越乱。

3. 物业管理方的资质不全、管理能力较低

许多老旧小区的物业都形同虚设，甚至居住时间不长的住户都不知道有物

业公司的存在。很多物业公司几乎不开展任何管理工作，即使管理，其在处理事务时的能力较低，最终造成业主方与物业管理方互相不信任，业主纷纷拒绝缴费，物业公司没有了经济来源，管理人员越来越少，管理能力更是下降，形成了恶性循环。

4. 没有解决公共需求的有效机制

在施工与建设方的保修期和回访期过之后，并不代表小区不会出现各种各样的问题，业主们提出的各种意见和对小区有利的改造措施等无法得到妥善解决。物业公司通过业主委员会吸取大家的意见，但并没有对大家的意见进行实际处理，多数情况是双方的意见不统一，在设施经费使用和管理上无法达成一致，最后只好取消计划。其重要原因是缺少相关的机制来解决问题，在关乎公共决策的问题上没法形成真正的决议，即使形成了也无法执行。

5. 传统管理模式需改革

要改变传统的物业管理模式，亟须不断改革、改变传统的城市物业管理经营模式，新的物业管理经营模式通常有六种：

第一，以本社区、街道办事处及居民委员会转制为主，组织成立社区物业管理有限公司，开展社区物业管理服务工作。

第二，以房地产物业管理服务部门转制为主，成立社区物业管理有限公司，开展社区物业管理服务工作。

第三，以房地产物业开发有限公司为主，组建社区物业管理有限公司，开展社区物业管理服务工作。

第四，单位专人直管的办公房物业管理模式。

第五，完全按照国有企业管理制度要求建立、发展起来的社区物业管理有限公司，开展社区物业管理服务工作。

第六，由社区、街道办、社区服务站及社区物业管理有限公司中的两方或三方组成的物业管理公司或组织，开展社区物业管理。

这六种合作模式互有利弊，在继续改革旧有的企业管理模式的基础上，还要进行体制改革。智慧社区企业管理模式是一种建立在企业信息化、大数据、物联网基础上的现代社区企业管理模式。

（三）解决策略

1. 发挥政府的作用

（1）加强政府对后期管理的干预。在工程项目后期管理中，管理职能显得尤其重要，必须体现强制性和秩序性，不能散漫无章。政府部门应与当地物业、和居民配合，共同管理社区。在公益设施和措施建设上，政府在充分听取业主委员会和物业公司的意见之后，对各方均无异议的方案应强制执行。

（2）建立相关的问题处理体制和机制。政府干预是在一定的机制下运行的，在法律规定下，听取各方意见，做出决定。这样，既可以体现加强基层民主自治的原则，又可以使居民区保持一定的秩序，提高居民的生活质量。决议应该由三方共同签字，即业主委员会、物业方和政府相关部门。业主委员会整合各业主之间的意见，拿出最佳解决方案，再与物业公司一起将其上交政府相关部门审批。在各方均无异议的情况下，可由政府公布，再由物业公司与其他相关组织进行具体实施。对于实施过程中的相关问题和纠纷，居民可以直接上报业主委员会或向上级政府部门投诉。

（3）严格执行物业公司的审批程序。当前，社会上的物业公司良莠不齐，许多物业公司的证件、资质不全，但依然承担着管理社区的任务。于是，业主们就采取不配合的态度，最终形成恶性循环，导致物业公司不能正常运转，社区环境更加恶劣。政府部门应该进行物业公司管理体制改革，成立专门的部门对物业公司进行统一管理、严格管理。对于没有资质或证件不全的物业企业一律不予审批，让资质更全、管理方式更完善的物业企业承担社区管理的任务。

（4）加强对小区居民的日常管理。物业公司没有实际的行政权力，在居民拒绝缴纳物业费的时候，没有实际能力对居民进行约束。这样，就会造成居民和物业的关系紧张，物业管理形同虚设。对于拥有完整资质的企业，应该由政府审批通过，在企业履行相关义务的同时，政府也应该出台相关的机制，配合物业公司对基层居民进行管理。例如，居民所享受的公共服务应该由政府统一控制，政府应用相关软件统一管理各个居民区与物业的运营情况，既能保证大多数业主的权益，也让物业管理进入良性循环，使各方均受益，并能维持社会的稳定。

（5）政府间接参与基层社区的管理。在社区管理中，主要是由物业公司进行居民小区管理，但许多老旧小区问题繁杂，民间组织难以调和，就需要政府出面进行调解。对于一些存在特殊情况的小区，可由政府相关部门间接地对小区进行管理，原则上，对于三方意见一致的决定应进行相应的处理。在体制上，应尽量发挥政府的强制、效率高等优势，也可以使得基层民主得到充分发挥。如此一来，社区的管理趋向正常化、民主化，使居民受益。

2. 建设智慧社区的价值

智慧社区运用的价值在于，通过统一的信息化管理，改变了以往的挨家挨户通知等复杂困难的管理方式。

（1）便捷。运用 App 对社区信息进行整合，形成的各个信息终端也可以接收从管理中心发出的信息，从而对社区信息进行高效传递。相对于以往的运用贴告示、挨家挨户通知等传统方式，更加节省时间。

（2）效率高。可实施“神经元和社区大脑”工程。建设大型城市，单靠人工进行排查、日常信息传递和问题处理等，其效率会很低下；以一个或若干区域为一个“神经元”，建立信息采集、社区信息等管理措施，将各个神经元的信息上传到云端，进行统一管理、统一处理问题，可缩短信息传递的时间，提高城市管理的效率。

（3）专业化。可设立专业化处理社区问题云端，即将大量信息从各个社区上传到终端，需要专业化、职业化的团队对信息进行处理，并对突发情况紧急应对。该云端应分为两种：一是人工处理，对上传的突发情况、重大情况，由人工进行处理；二是人工智能，对于一般情况，按照惯例或相关法规规定，利用人工智能自动处理。

3. 智慧社区的构建

智慧社区平台的构建，将采用先进的节能智慧物业科技。在智能物业管理服务中，逐步将应用无人机远程巡航，天网远程监视摄录控制系统，设施管理设备智能远程控制、智能报警 Ba 控制系统，出入口门禁智能自动门禁远程管理控制系统，地下室停车库入口智能自动停车远程管理控制系统，停车场出入口智能管理控制系统，充电桩智能应用远程管理控制系统，绿化自动节能灌溉系统，LED 自动节能电源管理控制系统，以及物业管理高低能耗系统、远程控制智能抄录仪表管理系统等多种智能化的物业设施管理设备，结合各物业项目服务特点，合理设计、运用，全方位、立体化地打造智慧物业管理的智能物业体系，为社区居民带来智慧科技、智能物业、智慧家居出行的新体验，打造“5A”级智慧社区服务产品体系，让社区居民的生活更加有智慧、更幸福、更安全、更和谐、更文明，成为城市居民美好生活理念的创造者和精彩智慧生活的行动倡导者。

社区是城市的重要组成部分，超大型城市是由一个个社区组成的，犹如一个个神经元组成了一个功能丰富的生命体。社区管理问题是城市管理的缩影，运用互联网、大数据、区块链等先进技术，打造智慧社区，使城市管理向数字化转型，提高社区管理和服务的质量，从而更好地为人们实现美好生活而服务。

参考文献

[1]戴永江，马宏志，骆树欢，等. 智慧楼宇及数字化办公场所新功能研究[J]. 河北电力技术，2019，38（6）：52-54+58.

[2]郭永坤，郭波，赵太强. 行政机关办公楼节电设计与智慧照明应用探究[J]. 智能建筑与工程机械，2020，2（4）：103-104.

[3]李明超. 城市治理导向的楼宇经济社区发展模式探讨[J]. 同济大学学报（社会科学版），2017，28（3）：66-76.

[4]孙研. 智慧楼宇的机遇与挑战[J]. 产城，2018（4）：60-61.

[5]沙默泉，金程，郭中梅，等. 基于5G+BIM的智慧楼宇运营管理平台设计与实现[J]. 信息通信技术，2021，15（1）：32-38.

[6]刘星. 楼宇智慧“长跑”催生服务商机，下一步怎么走？[J]. 电气技术，2019，20（5）：7-9.

[7]崔雍浩，商聪，陈锶奇，等. 人工智能综述：AI的发展[J]. 无线电通信技术，2019，45（3）：225-231.

[8]游飞，杨怡. 人脸识别技术在智慧社区门禁系统中的建设与应用［J］. 自动化与仪器仪表，2020（8）：198-201.

[9]薛力群. 关于人脸识别技术在智慧楼宇中的应用研究［J］. 智能计算机与应用，2019，9（6）：318-321.

[10]陶峰. 人脸识别技术在智慧社区中的应用［J］. 石油知识，2019（2）：34-35.

[11]刘辉，葛昊. 人脸识别技术在门禁系统中的应用研究［J］. 无线互联科技，2017（24）：132-133+138.

[12]石云龙. 智能化BAS机电设备安装施工技术分析[J]. 科技与创新，2017（16）：61-62.

[13]商小亮. 智慧楼宇弱电系统工程施工技术探究[J]. 电子制作，2016（18）：31.

[14]高峻. 基于 BIM 的智慧楼宇管理系统设计与应用[J]. 科技创新与应用，2021（11）：112-114.

[15]邹鹏. 智慧楼宇弱电系统项目工程施工技术管理分析[J]. 智库时代，2020（1）：264-265.

[16]李宏亮. 智慧楼宇建筑施工技术存在的问题及对策探讨[J]. 科技创新与应用，2015（1）：164.

[17]朱伊华. 楼宇智能化技术在智慧楼宇建筑中的运用[J]. 电子技术与软件工程，2021（13）：113-114.

[18]谭香. BIM 技术下的智慧楼宇集成管理系统建构[J]. 现代电子技术，2021，44（4）：146-150.

[19]吴凯槟，刘强，邱泽晶，等. 重点技术在综合能源服务领域的适用场景与案例分析[J]. 能源与节能，2020（2）：2-5+14.

[20]骆东松，吕朝磊. 基于 WSNs 的智慧楼宇能耗监测管理系统研究[J]. 自动化与仪表，2018，33（3）：101-104.

[21]朱阳. 智慧楼宇信息化建设中的系统集成技术应用[J]. 建筑工程技术与设计，2018（28）：226.

[22]张宇. 基于 BIM 与物联网的大型酒店运维管理研究[D]. 徐州：中国矿业大学，2020.

[23]曹军. 基于 BIM 技术的建筑机电节能运维系统构架与功能需求研究[D]. 重庆：重庆大学，2019.

[24]冯琨. 践行绿色生活药都新城绿色智慧社区试点项目规划方案通过评审[9]. 智能建筑与智慧城市，2019（9）：13.

[25]何玉文，李振丽. 科技赋能智慧物业[J]. 中国物业管理，2019（9）：30-31.

[26]陈滨. 龙岩市城区住宅小区二次供水管理模式改革研究[J]. 福建建筑，

2019（6）：82-84.

[27]李燕红. 浅谈互联网下住宅小区物业管理经营的发展趋势[J]. 中国建设信息化，2019（16）：70-71.

[28]钱坤. 社区治理中的智慧技术应用：理论建构与实践分析[J/OL]. 当代经济管理：1-11[2019-11-28].

[29]曲辰飞，张轩涛，王东林. 智慧社区一体化应用平台的设计与实现[J]. 建筑电气，2019，38（8）：64-67.

[30]彭珊. 新时代的社区治理之路[J]. 人民论坛，2019（27）：68-69.

[31]林旭斌. 楼宇智能化技术在智能建筑中的应用研究[J]. 江西建材，2017（13）：67-68.

[32]曾龙炜. 现代智能建筑中楼宇智能化技术的应用研究[J]. 建筑技术开发，2017，44（16）：4-5.

[33]郝守赞. 楼宇智能化在商业大厦的应用[D]. 青岛：青岛理工大学，2017.

[34]赵旭. 楼宇智能化技术在现代建筑中的应用[C]// 天津市电子学会，天津市仪器仪表学会. 天津：天津市电子学会，2020：91-93.

[35]彭娟娟. 计算机技术在楼宇智能化中的应用[C]// 天津市电子学会，天津市仪器仪表学会. 天津：天津市电子学会，2016：251-253.

[36]张津奕，王卉，刘欣，等. 建筑信息模型（BIM）技术在楼宇智能化运维的关键技术应用研究[C]// 天津：天津市建筑设计院，2018.

[37]齐金国. 建筑智能化系统在安保配套信息化中的应用[J]. 居舍，2019（6）：9+26.

[38]万豪杰. 智能建筑智能化系统楼宇自控施工技术探究[J]. 城市建设理论研究（电子版），2019（6）：100.

[39]张发兴. 自动化控制技术在建筑智能化中的应用[J]. 福建建材，2019（2）：52-53.

[40]柴美娟. 建筑智能化区域产业发展现状分析和发展对策探究[J]. 浙江

工商职业技术学院学报，2018，17（4）：91-93.

[41]魏鹏，章少君，翟婕. 建筑智能化在超高层施工中的应用[J]. 智能建筑与智慧城市，2018（8）：27-28.

[42]陈友强. 智能建筑电气施工管理和质量控制现状及改进措施[J]. 现代物业（中旬刊），2019（3）：230.

[43]袁黎. 智能建筑弱电系统施工管理及质量控制[J]. 中国新通信，2019（14）：179-180.

[44]王丽萍. 智能建筑电气工程的施工管理及质量控制[J]. 智能建筑与智慧城市，2019，268（3）：36-37.

[45]朱天野. 智能建筑火灾自动报警与消防联动系统研究[J]. 城市住宅，2019，26（2）：155-156.

[46]张定波. 传感器在火灾自动报警系统中的应用与研究[J]. 工程技术研究，2019，4（12）：110-111.

[47]张霄云. 智慧住区设计标准要点解析[J]. 建筑电气，2021，278（40）：13-18.

[48]中国建筑标准设计研究院有限公司，广东天元建筑设计有限公司. 智慧住区设计标准：T/CECS649—2019[S]. 北京：中国建筑工业出版社，2019.

[49]王越. 太原市智慧社区居家养老服务问题研究[D]. 太原：山西财经大学，2021.

[50]蔡柳萍，谌颃，钟健，等. 智慧楼宇控制平台的研究与分析[J]. 信息记录材料，2021（9）：216-218.

[51]岳雷. 探析智慧楼宇项目质量管理与控制[J]. 计算机产品与流通，2020（4）：281.

[52]冯利. 智能建筑全生命周期质量评价研究[D]. 成都：西华大学，2019.

[53]张朦. 智能建筑综合评价体系的构建之研究[J]. 居舍，2021（21）：188-189.

[54]罗德俊. 智能建筑评价要点解析[J]. 智能建筑电气技术，2020（2）：

10-13.

[55]徐拓. 基于对比分析的广东省绿色建筑评价标准优化路径研究[D]. 广州：华南理工大学，2019.

[56]乔振. 基于物联网的大型公共建筑能耗管理系统和节能策略研究[D]. 兰州：兰州理工大学，2020.